机器学习应用研究

李胜 著

MACHINE
LEARNING

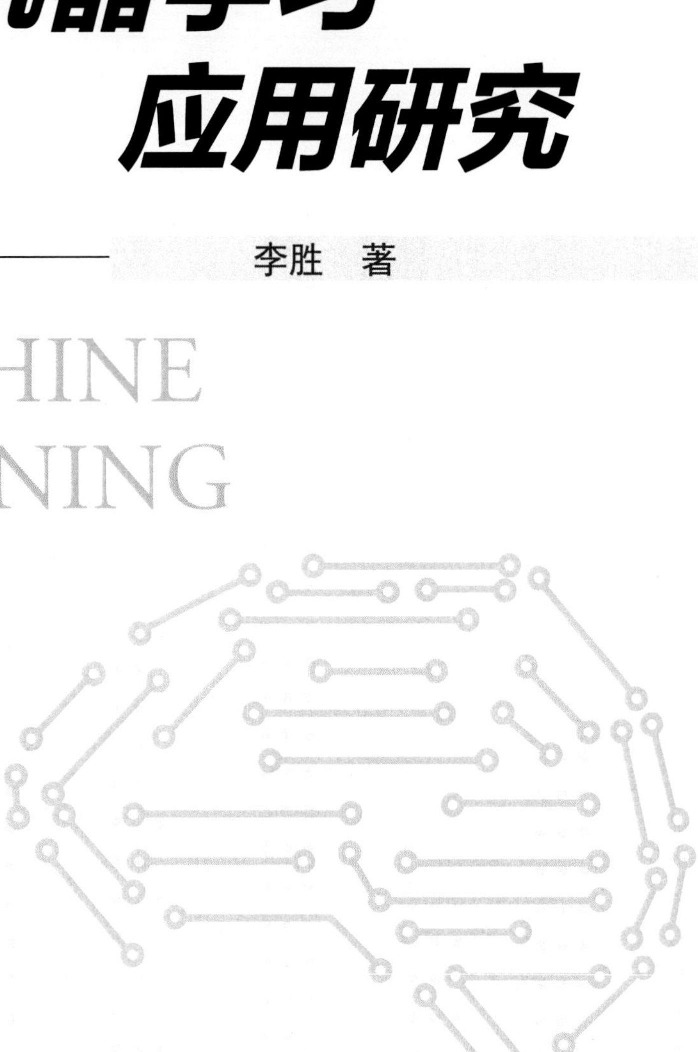

WUHAN UNIVERSITY PRESS
武汉大学出版社

图书在版编目(CIP)数据

机器学习应用研究/李胜著.—武汉：武汉大学出版社，2022.11
(2023.11 重印)
ISBN 978-7-307-23333-1

Ⅰ.机…　Ⅱ.李…　Ⅲ.机器学习—研究　Ⅳ.TP181

中国版本图书馆 CIP 数据核字(2022)第 179599 号

责任编辑:林　莉　　　责任校对:汪欣怡　　　版式设计:马　佳

出版发行：**武汉大学出版社**　(430072　武昌　珞珈山)
(电子邮箱：cbs22@ whu.edu.cn　网址：www.wdp. com.cn)
印刷:湖北云景数字印刷有限公司
开本:720×1000　1/16　印张:13.5　字数:217 千字　插页:1
版次:2022 年 11 月第 1 版　　2023 年 11 月第 2 次印刷
ISBN 978-7-307-23333-1　　定价:49.00 元

前　言

机器学习（Machine Learning，简称 ML）指的是从数据中识别出规律并以此完成预测、分类及聚类等任务的算法总称。中国是机器学习技术发展大国，拥有全球领先的机器学习基础研究成果、论文及专利数量、人才投入数量，中国机器学习产业也在蓬勃发展。优先发展以机器学习为核心驱动的人工智能技术，也被纳入国家“十四五”规划和 2035 年远景目标纲要。

机器学习为技术的成熟，极大程度推动了金融、商业、交通、制造和医疗等国计民生相关领域从耗时偏倚模式转向为高效均质的发展模式。在数据生成方面，机器学习技术可以帮助人们获得以前难以获取的大规模数据，进而对一些更具挑战性的假设进行检验；在数据预测方面，机器学习可以更有效地探索变量间的相关性，进而做出较为精准的预测。我们认为，机器学习技术在上述方面的优势使其可以和社会生成生活诸多领域现有分析工具结合，检验之前无法用传统方法检验的假设，最终会拓展现有领域研究的边界。传统的机器学习技术结合半监督、弱监督机器学习、生成对抗网络、迁移学习、多网络并联、逻辑关联网络等算法的迭代进化，将推动各行业工作效率大幅提升、人力成本不断下降。

本书写作目的旨在系统介绍机器学习技术在社会生产、生活典型领域中的应用。我们首先在第 1 章给出机器学习技术的定义，然后从第 2 章到第 7 章，分别介绍该技术在金融、商业、大众传媒、交通、制造、医疗等领域的应用。其中每一章都会先介绍该领域的应用特点和基本方法，然后选取该领域中 3～5 个具有代表性的应用场景进行详细介绍。在每个应用场景中，我们都选择了当前较为先进的机器学习算法或模型，通过具体案例分析，详细阐述该算法或模型在应用场景中的工作方式、算法原理、实现方法和工具，然后对其效果进行综合评估。

本书可作为计算机、人工智能、信息管理等专业从业人员的教材或参考资料，也可作为金融、商业、交通、制造、医疗等行业技术人员的自学用书和研究人员的参考用书。

作　者

2022 年 6 月

目　录

第 1 章　机器学习的基本概念 ………………………………………… 1

1.1　什么是机器学习 ………………………………………… 1

1.2　机器学习的发展历程 ………………………………………… 2

1.3　机器学习的一般流程 ………………………………………… 5

1.4　机器学习的方法分类 ………………………………………… 10

1.5　经典的机器学习算法 ………………………………………… 12

1.6　深度学习技术 ………………………………………… 31

1.7　机器学习的应用途径 ………………………………………… 47

1.8　本章小结 ………………………………………… 47

第 2 章　机器学习在金融领域的应用 ………………………………………… 50

2.1　机器学习在金融领域的应用概述 ………………………………………… 50

2.2　基于图神经网络的金融征信研究 ………………………………………… 52

2.3　LSTM 应用于金融资产交易 ………………………………………… 55

2.4　基于 Seq2Seq 的智能金融客服机器人 ………………………………………… 59

2.5　基于集成学习的金融反欺诈模型 ………………………………………… 64

2.6　基于协同过滤的金融理财产品个性化推荐 ………………………………………… 69

2.7　本章小结 ………………………………………… 72

第 3 章　机器学习在商业领域的应用 ………………………………………… 74

3.1　机器学习在商业领域的应用概述 ………………………………………… 74

3.2　基于 K-Means 算法的市场客户细分方法 ………………………………………… 75

3.3　基于 GBM 算法的动态定价策略 …… 81
3.4　应用 AdaBoost 进行客户流失预测 …… 86
3.5　LSTM 应用于电商平台商品评价的情感分析 …… 90
3.6　本章小结 …… 96

第 4 章　机器学习在大众媒体领域的应用 …… 98
4.1　机器学习在大众媒体领域的概述 …… 98
4.2　利用 BP 神经网络实现新闻的自动配图 …… 99
4.3　基于 SVM 算法的微博媒体评论的情感分析 …… 103
4.4　引入 K-means 算法的音乐个性化推荐 …… 108
4.5　基于 CNN 算法的体育新闻标题与正文的自动生成 …… 113
4.6　LSTM 算法在微博谣言检测中的运用 …… 116
4.7　本章小结 …… 120

第 5 章　机器学习在交通领域的应用 …… 122
5.1　机器学习在交通领域的应用概述 …… 122
5.2　SVM 算法在自动驾驶决策中的使用 …… 125
5.3　基于 LSTM 预测城市交通情况 …… 129
5.4　通过 LSTM 进行出现需求预测 …… 134
5.5　使用 YOLO 算法在自动驾驶识别中的作用 …… 139
5.6　本章小结 …… 143

第 6 章　机器学习在制造领域的应用 …… 145
6.1　机器学习在制造业领域的应用概述 …… 145
6.2　GA-BP 神经网络应用于预测维修 …… 146
6.3　利用 GoogLeNet 深度神经网络进行表面质量检测 …… 151
6.4　基于 CNN 的物联网车间生产流程优化 …… 158
6.5　基于 YOLOv3 的安全帽佩戴检测 …… 163
6.6　本章小结 …… 167

第 7 章　机器学习在医疗领域的应用 ………………………… 169
7.1　机器学习在医疗领域的应用概述 ………………………… 169
7.2　基于 LightGBM 算法的糖尿病预测与分析 ………………………… 170
7.3　基于 CNN 的图像分割技术在医学影响领域的应用 ………………………… 178
7.4　深度强化学习应用于外科手术机器人 ………………………… 184
7.5　联邦学习应用于医疗领域的数据共享 ………………………… 187
7.6　本章小结 ………………………… 195

参考文献 ………………………… 196

第1章　机器学习的基本概念

【内容提示】本章以机器学习总体概述为中心，首先论述机器学习的主要概念、发展历程、基本流程和算法分类方式，然后分别从概念、框架以及主流算法三方面介绍了经典的监督学习、非监督学习、半监督学习和强化学习算法，以及当前非常流行的深度学习技术。最后概括性阐述了机器学习目前在各领域的落地应用。

1.1　什么是机器学习

通常为了在计算机上解决提出的问题，会给它设计一种算法，该算法是一串将输入变为输出的指令序列。例如，可以设计用于解决查找问题的算法：输入一组数字和需要查找的元素，输出查找结果。通常来说，可以设计不同的算法应用于不同的场景。

但是对于某些任务而言，这种方式是不可行的。例如，傍晚走在潮湿的街道上，吹着和煦的微风，看着天边的晚霞，发出明天将会是晴天的感慨，如果将这一任务交给计算机，也就是输入街景，输出对明日天气的判断，虽然知道输入和输出分别是什么，然而却不知道如何将输入转换成输出，也就是如何由潮湿的路面、和煦的微风、晚霞等信息得出明天是晴天的推测。可以看出，对于人类来说，这里存在人们根据过往的经验做出的判断，我们之所以能做出预判，是因为我们已经积累了丰富的经验，根据学习到的经验可以对新情况做出有效的判断，但对于计算机来说，这种“经验”显然不是先天存在的。

机器学习就是这样一门学科，它致力于通过合适的方法，以经验为依托提高性能并对未知的情况进行预测，其中，“经验”指的是学习者可以获得的、可以直接利用的现存的信息，通常以电子数据的形式存在。对于机器学习来说，数据的质量和规模对于学习者所做预测的成功起到了至关重要的作用。因此，从广义上来说，机器学习是一种用来应对那些传统编程无法解决的问题的方法；从实践上来说，机器学习是计算机通过数据构建模型，再通过模型提供相应判断的方法。

“机器学习”（Machine Learning）这一名词首先由阿瑟·萨缪尔（Arthur Samuel）在 1952 年提出，他将机器学习定义为能让计算机不依赖确定的编码指令来自主的学习工作的方法，阿瑟·萨缪尔不仅给机器学习下了定义，还开发了一个能够跟人类下棋并在过程中不断学习的系统；1998 年，Tom Mitchel 为了更好地定义机器学习引入了三个概念：经验 Experience（E）、任务 Task（T）、任务完成效果的衡量指标 Performance measure（P），在这三个概念的帮助下，机器学习被更严谨地定义为：在经验 E 的帮助下，机器能够以更好的衡量指标 P 完成任务 T。

总地来说，机器学习是不断发展的数据科学领域的重要组成部分，它可以为复杂问题提供解决方案，而这些复杂问题，想通过传统人工程序设计来解决通常并不可行，相对于传统人工程序设计，这些解决方案具备更快、更准确、更具可扩展性的特点。

1.2　机器学习的发展历程

机器学习是人工智能（Artificial Intelligence）研究发展到一定阶段的必然产物，根据时间顺序，可将机器学习的发展分为六个阶段［1］。

20 世纪 50 年代初，人工智能研究处于“推理期”，在这一时期，逻辑推理能力被认为是计算机具备智能的条件。1952 年，阿瑟·萨缪尔开发了一个用于下棋的计算机程序，由于该程序的可用计算机内存非常少，萨缪尔使用了 $\alpha-\beta$ 剪枝，同时为了衡量每一方获胜的概率引入了评分函数，并用极大极小策略选择下一步的走法，最终这种做法演变成了现在的极大极小算法。塞缪尔还设计了许多机制，使他的程序变得更好。1952 年，A. Newell 和 H. Simon 用“逻辑理论家”（Logic Theorist）程序成功将《数学原理》一书中的 38 条定理进行了证明，9 年后又对剩下的 14 条定理进行了证明，A. Newell 和 H. Simon 因此获得了 1975 年的图灵奖。

20 世纪 50 年代后期，以神经网络为基础的“连接主义”（Connectionism）开始出现。1957 年，康奈尔航空实验室的 Frank Rosenblatt 将唐纳德·赫布构建的脑细胞相互作用模型与阿瑟·萨缪尔的机器学习工作相结合，成功创造了感知器（Perceptron），感知器最初被作为机器而不是程序，这个软件最初安装在一个定制的名为 Mark I 的感知器机器中，便于转移并用于其他机器，但是，Mark I 在投入使用时出现了与预期结果不一致的问题。感知机虽然看起来功能十分强大，但是却无法识别多种视觉模式（例如面部），这会使得神经网络的相关研究受到阻碍。1959 年，B. Widrow 和 M. Hoff 提出了自适应线性单元（Adaptive Linear Neuron），它在感知机的基础上，对修正权矢量的算法进行了改进，由此在收敛速度上取得了进步，同时将使用该方法训练后的神经网络成功应用于抵消通信中的回拨和噪声，由此，Adaline 成为第一个解决实际问题的人工神经网络。

20 世纪六七十年代，基于逻辑表示的“符号主义”（Symbolism）蓬勃兴起，1962 年，E. B. Hunt 提出了“概念学习系统”，所谓概念学习，就是指将有某种共同属性的事物放在一起进行学习的过程。该系统指出，分类不是一个被动的过程，必须进行测试以确定当前情况是否包含某些要素或是否可以以特定方式描述，作者对如何制定测试规则进行了研究，并对这些独立但相关领域的工作进行了综合；1970 年，P. Winston 提出了结构学习系统，他针对四个问题（我们如何分辨样本中不同的类别、我们如何进行这种分辨、机器如何进行分辨、学习的重要性在哪里）设计了这个系统，它适用于由 brick、wedge 和其他简单对象构成的三维结构领域；随后，Ryszard S. Michalski 等人提出了“基于逻辑的归纳学习系统”，将归纳学习视为通过符号描述空间的启发式搜索，通过将各种推理规则应用于初始观察陈述而产生，并以评估生成的归纳断言的“质量”的标准为指导，基于这一理论，从概念数据分析领域的一个问题描述和说明了一种从示例中学习结构描述的通用方法，称为 Star。除此之外，以决策理论为基础的学习技术和强化学习技术也得到发展，其中以 N. J. Nilson 的“学习机器最具代表性”。在这一时期，支持向量、VC 维、结构风险最小化原则等统计学理论的奠基性成果也相继取得。

20 世纪 80 年代到 90 年代中期，各种机器学习技术百花齐放，R. S. Michalski 根据学习方法的不同将机器学习的方式划分成了四个大类：机械学习、示教学习、类比学习、归纳学习。其中，机械学习又被称为“死记硬背式学习”，也就是说机器会把获得的所有信息原封不动的记录下来，在使用时全部拿出即可，从严格意义上来讲，这并不是一种学习，因为只是对信息进行了存储与检索操作，没有进行更深入的操作；示教学习也就是从指令中学习，机器通过学习示教者的行为，以达到自主学习的目的；类比学习就是以观察和发现为基础进行学习，机器通过观察进行模仿，可以快速获得学习的能力；归纳学习就是以样例为基础，在样例中总结学习，也就是机器通过给出的一些训练样本，对其进行总结归纳，发现其中的规律，得出学习的结果。在这四种学习方式中，应用最为广泛、研究最为深入的就是归纳学习。

归纳学习的主流技术之一是符号主义学习，其中代表性的方法包括决策树（Decision Tree）和基于逻辑的学习。决策树通过训练样本构建模拟人类对事物进行判断的树形流程，对未知的数据进行有效的分类，决策树具有可读性好、效率高的优点，被广泛应用于分类任务中。在基于逻辑的学习中，最常用的是归纳逻辑程序设计（Inductive Logic Programming，ILP），它是符号人工智能的一个子领域，对于一组已知的背景知识的编码以及表示为事实逻辑数据库的示例，该系统试图推导出假设的逻辑程序，但是该程序仅有正面实例而舍弃了负面示例。

归纳学习的另一个主流技术是基于神经网络的连接主义学习。在这之前，尽管连接主义已经取得了巨大的成果，但多数学者的研究还是集中在符号主义学习上，1983 年，为了解决著名的流动员推销问题（一个 NP 难题），J. J. Hopfield 尝试使用神经网络进行求解，并取得了重大进展，至此，连接主义又重新被人们重视了起来。1986 年，D. E. Rumelhart 等人发明了 BP（Back Propagation，误差后向传播）算法，这是连接主义的代表性算法，也是如今应用最为广泛的机器学习算法之一。

符号主义学习与连接主义学习有各自不同的特点，首先，符号主义学习之后产生的概念表示是明确的，即可以确定其产生的结果，但是连接主义学习最终产生的是“黑箱”模型，也就是结果是不明确的，在学习过程中需要通过调节参数不断试错，参数的细微变化可能会导致学习结果的巨大改变。尽管这样看来连接主义学习具有很大的局限性，但是其中却存在像 BP 算法这样十分有效的算法，因此它仍然可以用来解决许多问题。

20 世纪 90 年代中期，统计学习（Statistical Learning）登上历史舞台，其中最具代表性的算法当属支持向量机（Support Vector Machine，SVM）和核方法（Kernel Methods）。尽管在 20 世纪六七十年代，很多学者便进行了很多与统计学习有关的研究，例如 1963 年，V. N. Vapnik 首次提出了“支持向量”的概念，1964 年，他和 Chervonenkis 提出了 VC 维，1974 年，又提出了结构风险最小化原则，但是统计学习成为机器学习的主流方法却是 20 多年后的事。产生这种现象的原因主要有两点：首先，尽管“支持向量”这一概念被早早提出，但是直到 20 世纪 90 年代，业界才研究出了有效的支持向量机算法，其优越性在此时才得以体现；其次，随着连接主义的缺点逐渐暴露，人们才将目光聚焦到统计学习技术上来。20 世纪 90 年代后期，集成学习为机器学习提供了重要延伸，其中包括 Schapire 于 1990 年提出的 Boosting 算法、Freund 和 Schapire 于 1995 年提出的 AdaBoost 算法、Breiman 于 1996 年提出的 Bagging 算法以及 Breiman 于 2001 年提出的随机森林算法。

21 世纪至今，连接主义学习重新崛起，“深度学习”席卷而来。深度学习，简单来说就是层数较多的神经网络，由于复杂度较高，因此只需要将参数调节好，得到的模型的性能就会很好，与机器学习相比，对使用者的要求降低了不少，门槛的降低使得有越来的越多的人投身到深度学习的研究中。21 世纪，世界进入了大数据时代，数据量和计算设备的性能都有了很大程度的提升，正是由于数据大了、计算能力强了这两个原因，连接主义学习才重新兴起，深度学习才逐渐成为热门。

1.3 机器学习的一般流程

如图 1.1 所示，通过机器学习［2］，计算机已经被赋予了全新的能力，但它在背后是怎样运作的？为了清楚地解释机器学习从数据中获取答案的过程，笔者用一个简单的系统——回答某酒类是啤酒还是葡萄酒来构建本节的内容。

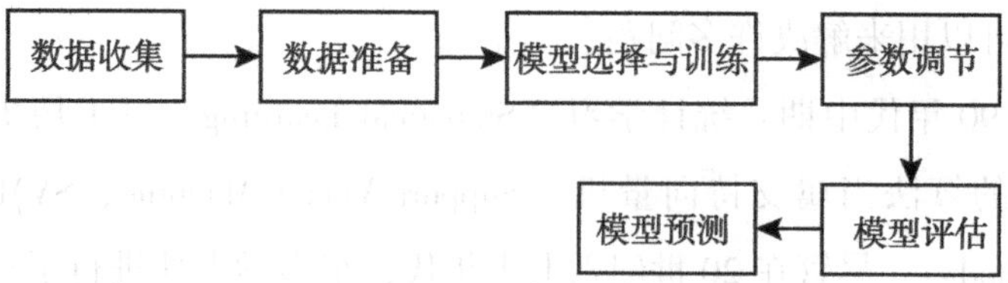

图 1.1　机器学习的一般流程

1.3.1　数据收集

在机器学习中，训练的目标是为创建一个在大多数情况下会正确回答提出的问题的准确模型，但是为了训练模型，首先需要收集数据进行训练，获取的数据不仅要包含原始数据，还要有经过一定的处理之后得到的训练数据和测试数据，对于这个小系统来说，需要收集颜色以及酒精含量这两个参数以区分两种酒类，得到一张每种酒类的酒精含量和颜色以及是葡萄酒还是红酒的表格。

业界有一句非常著名的话，“数据决定机器学习结果的上限，而算法只是尽可能的逼近这个上限”，可以看出数据在机器学习中所具有的重要作用。简单来说，训练选取的数据要能够“代表”所有的数据，否则必然会导致过拟合的情况发生。不仅如此还要考虑数据的量级以保证在训练过程中能够容得下所有数据，如果数据量过大，可以通过改进算法或者减少数据量解决；如果数据量仍然太大，可以考虑使用分布式解决。对于本例中关于葡萄酒和啤酒的分类问题，数据偏斜不能过于严重，也就是葡萄酒和红酒的数据量差距不能太过明显，否则系统最终的判断会始终偏向于数据量多的一类。

1.3.2　数据准备

即使最终能够拿到能够被认可的训练数据集，该数据集也不会是完美的，或多或少会存在数据缺失、数据异常、数据分布不均、数据无关紧要等问题，这就需要对收集到的数据进行相应的处理，包括数据清洗、数据转换、数据标准化、缺失值处理、特征提取、特征选择、特征变换等方面。这些工作简单并且可以复制，是机器学习的基础必备步骤。

在本例中，首先将所有数据打乱顺序放到一起，之所以要将顺序打乱，是因为顺序不是模型学习所需要的影响因素，也就是说，判断一种酒是葡萄酒还是啤酒，与前一种或者接下来出现的酒的种类无关。为了直观地表达结果并便与分析，可以做出可视化图像辅助分析，帮助发现变量之间的关联性以及是否存在数据失衡。举个简单的例子，假如给机器进行学习的大多数训练样本的特征都倾向于啤酒，那么可以预见最终预测得到的结果也有极大的可能是啤酒，但是显然在现实世界，啤酒和红酒的分布大概率是相同的，因此机器的错误率会明显增加。

此外，所有数据在经过一定的处理后还要被分成两部分，一部分用于进行模型训练，一部分用于模型评估，显然，用于模型训练的数据应该占数据总量的绝大部分，只留下一小部分用于模型评估。同时，用于训练的数据不应该被用于评估模型，否则模型会“记住”这些样本而导致评估的结果不准确。

1.3.3 模型选择与训练

数据的处理工作完成后，接下来就可以选择合适的模型进行训练，现如今，很多种通用模型已经被研究出来，每种模型都能在一定的场景下使用，因此如何选择正确的模型也是一个重要的环节。

首先，需要对预处理过后的数据进行分析，如果处理后的数据是带有类别标记的，应该考虑使用有监督学习的模型，否则考虑使用无监督学习的模型；其次，分析所要解决的问题是分类还是回归问题，确定好问题类型后再进行相应的选择，通常，为了选择最合适的模型，可以使用不同的模型进行训练，将效果最好的模型作为最终选择；最后，数据集的大小也是一个重要因素，如果数据集的规模较小，建议选择朴素贝叶斯等轻量级算法；如果数据集规模较大，建议选择支持向量机等重量级算法。

1.3.4 模型评估

一旦模型训练完毕，我们就要对得到的模型进行评估，此时，在数据准备工作中留下的一小部分数据就排上了用场。常见的几种评估方法如下：

1. 留出法

留出法（hold-out）是一种十分简单评估方法，它直接将数据集分为互斥的两个部分，一部分用于训练数据，一部分用于测试数据。以最简单的二分类任务举例说明，假如训练集共有 1000 个样本，其中 700 个样本用于训练，300 个样本用于测试，假定在测试集上有 90 个样本分类错误，那么错误率就为（90/300）× 100% = 30%，也就是精度为 1 - 30% = 70%。

在划分训练/测试集的过程中，需要注意两个问题。首先，训练集和测试集中的数据分布要具有一致性，也就是说两类数据中所包含的各种类别的样本的数量比例要尽可能相同，避免引入额外的偏差对最终的结果产生不好的影响。其次，一次划分往往得到的结果并不准确，在实际应用中，一般都会对数据集进行多次划分，按照不同的划分进行重复实验后取平均值得到最后的结果。

2. 交叉验证法 [3]

交叉验证法（Cross Validation）首先将数据集 D 划分为 k 个大小相似的互斥子集，也就是 $D = D_1 \cup D_2 \cup \cdots \cup D_k$，$D_i \cap D_j = \phi(i \neq j)$，同样，每个子集也要保证数据分布的一致性。划分完成后，将其中的 $k - 1$ 个子集作为训练集，剩下的子集作为测试集，这样做的目的是为了得到多组训练/测试集，最终得到 k 个结果的平均值。可以明显看出，k 在整个验证过程中起到了很重要的作用，因此常将这种方法成为 k 折交叉验证（K-fold Cross Validation），其中最常使用的是 10 折交叉验证，其过程示意图如图 1.2 所示。

3. 自助法

在留出法和交叉验证法中，由于有一部分数据被分割出来用于测试，势必会造成实际评估的模型比数据集小，这样就可能会导致因为样本不同而产生的估计误差，那么有没有办法能够弥补这一不足呢？

自助法就是一个比较好的方法，这是建立在自助采样法（Bootstrap Sampling）基础上的一种方式。假设数据集 D 含有 n 个样本，数据集 D' 的产生过程为：每次从 D 中随机选取一个样本放入 D'，再将这个样本放回 D，重复 n 次

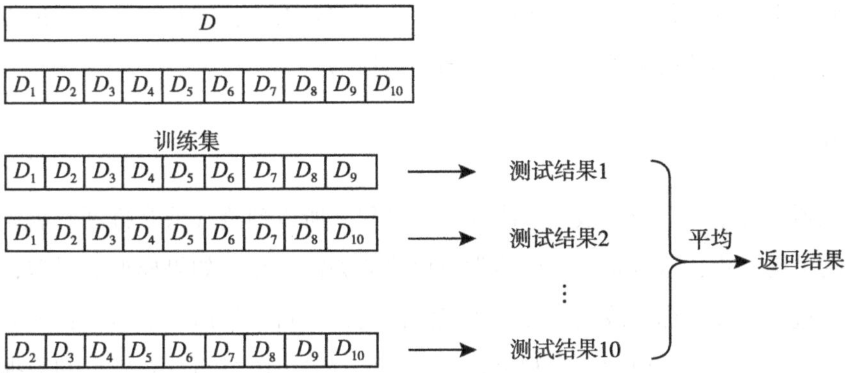

图 1.2 10 折交叉验证示意图

后产生了含有 n 个样本的数据集，假设某个样本在采样中总是不被取到，那么这个概率为 $\left(1-\frac{1}{n}\right)^n$，对这个公式取极限得到

$$\lim_{n\to\infty}\left(1-\frac{1}{n}\right)^n=\frac{1}{e}\approx 0.368 \tag{1-1}$$

也就是说通过自助采样总会约有 36.8%的样本未出现在 D' 中，这样就可以用 D' 作为训练集，$D\setminus D'$ 作为测试集。

自助法在训练集和测试集难易划分以及数据集的规模较小的情况下是一种很有效的方法，但它在采样过程中对数据集的分布产生了影响，这就有可能会带来估计偏差。因此，在初始数据集规模较大的条件下，留出法和交叉验证法仍然是更加高效的办法。

1.3.5 参数调节

对模型的评估结束后，为了得到更精确的结果，还可以对参数进行调节，因为在学习之前，可能做出了一些隐式的假设或者固定了某些值，现在就要验证这些假设或者改变参数的值以提高模型的精度。除此之外，学习频率会对每两次训练间的相对变化程度产生影响，这些可以调节的参数都会对模型的精度以及消耗的时间产生一定的影响。

通过以上的描述可以看出，在训练时需要考虑的因素是十分多的，此外，什么时候结束训练、什么时候训练的程度达到所需要求了，这些都是训练过程必须考虑的问题，不然就可能会出现反复纠结的情形。

1.3.6　模型预测

机器学习是一个通过数据解决问题的过程，所以预测（或是推断）就是获取答案的关键一步，这也是实现机器学习价值的关键一步。如果模型效果差，可能需要通过改变评估标准或改变开发集或测试集，重新进行前面的步骤；如果模型效果好，就需要进行模型监测和更新，也就是每隔一段时间更新模型和数据以保证模型的时效性。

在本例中，给出某种酒的颜色和酒精浓度，构建出的模型将能够判断出眼前的是一杯红酒还是啤酒。

1.4　机器学习的方法分类

1.4.1　有监督学习（Supervised Learning）

在机器学习中，无论是训练什么样的网络，最常使用的方法就是有监督学习方法，仍然使用上节中的系统为例，在有监督学习过程中，需要收集大量关于啤酒与葡萄酒的图像样本，并在这些样本上做好相应的标记，在训练学习时，向系统中输入一张图像，就会对应产生其类别输出。因此，对于有监督学习的概念可以概括为，对样本进行标记，从已经具有标记的样本中通过训练得到一个映射函数，这个映射函数可以被用于对新样本进行测试，输出预测的标签类别，而且这些类别是有所谓的“标准答案”进行对照的，可以直接判断是否给出了正确答案。

有监督学习被广泛使用在分类和回归任务中，其中分类任务用来预测离散值，比如上节中的系统就是一个典型分类问题；回归任务用来预测连续值，比如，给定一个 x，输出对应的 y。因此，有监督学习适用于使用带有标记训练样本进行训练的任务。

1.4.2 无监督学习（Unsupervised Learning）

虽然有监督学习能够很好地对预测结果的正确与否进行判断，但是，在现实世界中，不是所有的数据都带有标记或者能够比较容易进行标记的，因为标签的获取常常需要极大的工作量，有的标签的获取甚至非常困难。无监督学习就是一种解决这类问题的方法，它相当于一个“黑盒”，也就是不要求训练样本本身带有标签，而是期望从无标签的样本中训练到更加抽象、更加隐藏的特征信息。无监督学习没有明确的目的，也不需要对数据进行打标签的操作，但无法量化最终的效果，因此无监督学习适用于推荐系统、发现异常等聚类场景。

1.4.3 半监督学习（Semi-supervised Learning）

尽管如此，有监督学习和无监督学习也并不是相互对立的关系，半监督学习就是处于二者中间地带的学习方式，它为了克服有监督学习标签获取困难以及无监督学习无法很好进行回归、分类问题的缺点，使用了一种折中的方式，在训练集中同时包含了有标签样本和无标签样本。与有监督学习相比，半监督学习可以使训练出的模型更加准确，而且训练的成本更低。

半监督学习又分为纯（Pure）半监督学习和直推学习（Transductive Learning），二者的区别在于是否将有标签数据和无标签数据进行了同等对待，也就是说，前者将两种数据置于相同的地位，而后者则是将无标签数据用于后续的测试以获得更好的泛化性能，因此半监督学习适用于一些标记数据比较难获取的场景。

1.4.4 强化学习（Reinforcement Learning）

相比于前三种方法，强化学习是一种更强大的学习方法，它以环境为导向行动，以求获得最大的效益，也就是说，在强化学习的每一步，标签的识别没有对错之分，而只会产生一个导向结果以继续进行判断。所以，强化学习是一种试错学习，在各种状态下会尽量尝试所有可以选择的动作，然后根据环境给出的反馈来判断动作的好坏程度，最终得到的是一个最优策略。以常见的象棋为例，将棋手走的每一步单独拿出来，并不会有对的步骤和错的步骤之分，而是要将这一步放在全局中进行判断，对于机器来说，如果赢了，它就可以记下每一步的走法，如果输了，就换一种走法，也就是通过不断试错来达到获胜的目的。因此，强化学习适用于需要不断进行推理的场景，例如自动驾驶、人机对弈等。

1.4.5　四种方式的优缺点

上述四类机器学习方法特点不同，各有千秋，表 1.1 整理了各种方法的优缺点。

表 1.1　**四种方式的优缺点**

算法	优点	缺点
有监督学习	对样本中的数据有很好的鲁棒性 对样本数据集特征编码表现优异	在样本数量不足的情况下容易出现过拟合、梯度弥散
无监督学习	解决梯度弥散问题，不要求样本数量 能够学习到更加抽象、更加隐藏的特征	训练花费的时间较长，程序复杂
半监督学习	结合了有监督学习和无监督学习的优点	无法纠正自己的错误
强化学习	考虑到了序列问题，更加注重长期回报	需要从零开始进行学习，花费的时间长

1.5　经典的机器学习算法

1.5.1　有监督学习算法

1. 线性回归（Linear Regression）[4]

19 世纪初，弗朗西斯·高尔顿在研究身高与遗传之间的联系时首次提出回归分析（Regression Analysis），而线性回归（Linear Regression）尝试学习到一种由属性的线性组合形成的函数$\boldsymbol{f}(\boldsymbol{x})=\boldsymbol{\omega}^{\mathrm{T}}\boldsymbol{x}+b$，其中，$\boldsymbol{x}=(x_1;\ x_2;\ \cdots;\ x_d)$，$\boldsymbol{\omega}=(\omega_1;\ \omega_2;\ \cdots;\ \omega_d)$，来预测最终的输出。

给定数据集 $D=\{(\boldsymbol{x}_1,\ y_1),\ (\boldsymbol{x}_2,\ y_2),\ \cdots,\ (\boldsymbol{x}_m,\ y_m)\}$，其中 $\boldsymbol{x}_i=(x_{i1};\ x_{i2};\ \cdots;\ x_{id})$，$y_i\in R$，首先考虑只有一个属性的情景，也就是 $D=\{(x_i,\ y_i)\}_{i=1}^m$，那么线性回归就试图学习到一个函数$f(x_i)=\omega^T x_i+b$，使得$f(x_i)\cong y_i$。

显然，ω 和 b 的确定是解决问题的关键，而在回归任务中，均方误差是最常使用的性能度量，因此可以使均方误差的值最小，也就是：

$$(\omega^*,\ b^*)=\underset{(\omega,\ b)}{\operatorname{argmin}}\sum_{i=1}^{m}(f(x_i)-y_i)^2=\underset{(\omega,\ b)}{\operatorname{argmin}}\sum_{i=1}^{m}(y_i-\omega^T x_i-b)^2 \tag{1-2}$$

这种基于均方误差来对模型进行最小化的方法称为最小二乘法（Least Square Method），在线性回归中，任务就是找到这样一条直线，使得每个样本到这条直线的均方误差之和最小。对于 $E_{(\omega,\ b)}=\sum_{i=1}^{m}(y_i-\omega^T x_i-b)^2$ 的最小值问题，可将 $E_{(\omega,\ b)}$ 分别对 ω 和 b 求导，得

$$\frac{\partial E_{(\omega,\ b)}}{\partial \omega}=2(\omega\sum_{i=1}^{m}x_i^2-\sum_{i=1}^{m}(y_i-b)x_i) \tag{1-3}$$

$$\frac{\partial E_{(\omega,\ b)}}{\partial b}=2(mb-\sum_{i=1}^{m}(y_i-\omega x_i)) \tag{1-4}$$

然后令上述两个式子为 0 即可解得

$$\omega=\frac{\sum_{i=1}^{m}y_i(x_i-\bar{x})}{\sum_{i=1}^{m}x_i^2-\frac{1}{m}(\sum_{i=1}^{m}x_i)^2} \tag{1-5}$$

$$b=\frac{1}{m}\sum_{i=1}^{m}(y_i-\omega x_i) \tag{1-6}$$

其中，$\bar{x}=\frac{1}{m}\sum_{i=1}^{m}x_i$。

对于包含多个属性描述的数据集，算法试图学习到的表达式变为

$$f(\boldsymbol{x}_i)=\boldsymbol{\omega}^{\mathrm{T}}\boldsymbol{x}_i+b,\quad 使得 f(\boldsymbol{x}_i)\cong y_i$$

与单个属性的计算方法类似，为了方便表示，将 $\boldsymbol{\omega}$ 和 b 表示为吸入向量的形

式 $\hat{\boldsymbol{\omega}} = (\boldsymbol{\omega}, b)$，将数据集 D 表示为一个大小为 $m \times (d+1)$ 的矩阵 $\boldsymbol{X}$，每行对应一个样本，前 d 列代表每个属性的值麻醉后一列置为 1，也就是

$$\boldsymbol{X} = \begin{pmatrix} x_{11} & x_{12} & \cdots & x_{1d} & 1 \\ x_{21} & x_{22} & \cdots & x_{2d} & 1 \\ \vdots & \vdots & \ddots & \vdots & \vdots \\ x_{m1} & x_{m1} & \cdots & x_{m1} & 1 \end{pmatrix} = \begin{pmatrix} x_1^T & 1 \\ x_2^T & 1 \\ \vdots & \vdots \\ x_m^T & 1 \end{pmatrix}$$

再令标记 $\boldsymbol{y} = (y_1;\ y_2;\ \cdots;\ y_m)$，则式（1-5）可改写为

$$\hat{\boldsymbol{\omega}}^* = \underset{\hat{\boldsymbol{\omega}}}{\operatorname{argmin}} \sum_{i=1}^{m} (\boldsymbol{y} - \boldsymbol{X}\hat{\boldsymbol{\omega}})^T(\boldsymbol{y} - \boldsymbol{X}\hat{\boldsymbol{\omega}}) \tag{1-7}$$

令 $E_{\hat{\omega}} = (\boldsymbol{y} - \boldsymbol{X}\hat{\boldsymbol{\omega}})^{\mathrm{T}}(\boldsymbol{y} - \boldsymbol{X}\hat{\boldsymbol{\omega}})$，对 $\hat{\boldsymbol{\omega}}$ 求导得到

$$\frac{\partial E_{\hat{\omega}}}{\partial \hat{\omega}} = 2\boldsymbol{X}^{\mathrm{T}}(\boldsymbol{X}\hat{\boldsymbol{\omega}} - \boldsymbol{y}) \tag{1-8}$$

假设矩阵 $\boldsymbol{X}^{\mathrm{T}}\boldsymbol{X}$ 为正定矩阵或者满秩矩阵，那么，令式（1-8）为 0 可以很容易得出

$$\hat{\boldsymbol{\omega}}^* = (\boldsymbol{X}^{\mathrm{T}}\boldsymbol{X})^{-1}\boldsymbol{X}^{\mathrm{T}}\boldsymbol{y} \tag{1-9}$$

但在实际的应用中，$\boldsymbol{X}^{\mathrm{T}}\boldsymbol{X}$ 往往不满足满秩的条件，比如会出现存在多解的情况，为解决这一问题，常常会引入正则化项，将选哪一个解这一问题交给学习算法的归纳偏好来做最终决定。

2. 逻辑回归（Logistic Regression）

逻辑回归是非线性回归的一种，它在线性回归的基础上增加了一个 Logistic 函数（也叫 Sigmoid 函数），逻辑回归虽然名字叫作回归，但其实际上是用于解决分类问题的模型，并常用于解决二分类（0 或 1）问题。

Logistic 函数的具体形式如下

$$h_\theta(x) = \frac{1}{1 + e^{-\theta^T x}} \tag{1-10}$$

将其表示为图像形式，可以得到如图 1.3 所示的函数图像。

从图像上可以看出，Logistic 函数是一个取值在 [0，1] 之间的 S 形曲线，在 x 等于 0 处函数的梯度取得最大值，为 0.5，所以在函数值接近 0 或 1 时会达到饱

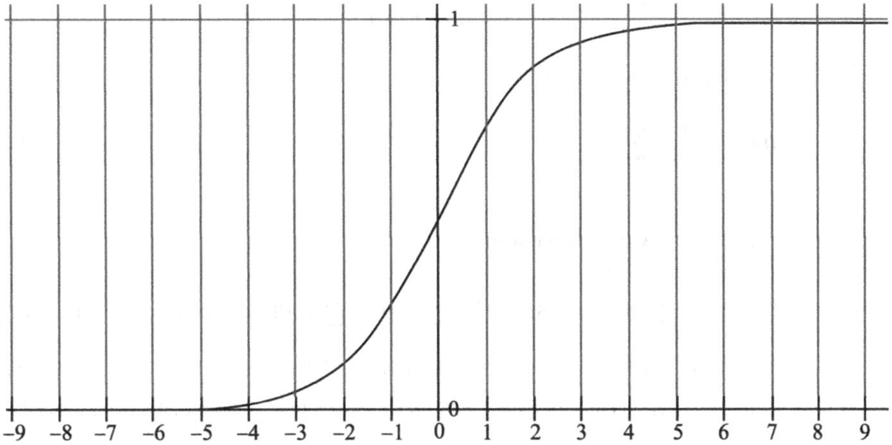

图 1.3　Logistic 函数图像

和状态。

一个机器学习模型，从本质上来说就是用某一组条件将决策函数进行限定，而模型的假设空间就是这组限定条件，同时，这组限定条件必须满足简单且合理的条件，对于逻辑回归，这组限定条件被表示为：

$$P(y=1 \mid x;\ \theta)=\frac{1}{1+e^{-\theta^{T}x}} \tag{1-11}$$

这个假设用来计算样本属于某个类的可能性，而要得到最终的样本分类，则需要利用决策函数

$$y^{*}=1,\ if\ P(y=1 \mid x)>0.5 \tag{1-12}$$

一般来说，会选择 0.5 作为决策函数的阈值，但在实际应用中，可以根据特定的情况对阈值的取值进行更改，在对正例的判别准确性有高要求的条件下可以选择大一点的阈值；在对正例的召回率要求高的条件下可以选择小一点的阈值。

在线性回归中，使用均方误差来优化模型，但在逻辑回归中，如果使用相同的方法，由于式（1-2）中的 $f(x)$ 会变为 Logistic 函数，这样会使均方误差函数变为一个非凸函数，不利于找到群居最小值，因此逻辑回归使用采用如下的形式计算样本的代价值

$$Cost(h_\theta(x),\ y) = \begin{cases} -\log(h_\theta(x)) & if \quad y = 1 \\ -\log(1 - h_\theta(x)) & if \quad y = 0 \end{cases} \tag{1-13}$$

那么逻辑回归中的代价函数就变为

$$J(\theta) = -\frac{1}{m}\left[\sum_{i=1}^{m} y^{(i)} log\, h_\theta(x^{(i)}) + (1-y^{(i)}) log\,(1-h_\theta(x^{(i)}))\right] \tag{1-14}$$

3. 朴素贝叶斯 (Naive Bayesian)

朴素贝叶斯算法于 20 世纪 50 年代被提出，它是机器学习中常见的一种分类算法，起源于古典数学理论，它的前提条件是贝叶斯定理和特征条件相互独立。训练时，在保证特征条件相互独立的情况下，通过计算可以分别得到每个属性的先验概率、条件概率和联合概率分布。预测时，首先利用贝叶斯定理计算出后验概率，然后根据后验概率得出分类的结果。具体过程如下：

假设样本有 N 种可能的类别，表示为 $\mathcal{Y} = \{c_1,\ c_2,\ \cdots,\ c_N\}$，$D_c$ 表示训练集 D 中属于第 c 类的所有样本，很容易得到类先验概率为

$$P(c) = \frac{|D_c|}{|D|} \tag{1-15}$$

对于离散属性，假设 $D_{c_i,\ x_i}$ 表示 D_c 中在第 i 个属性上取值为 x_i 的所有样本，则条件概率可表示为

$$P(x_i \mid c) = \frac{|D_{c_i,\ x_i}|}{|D_c|} \tag{1-16}$$

对于连续属性，则可以考虑用条件概率进行计算。

基于贝叶斯定理，可以推导出后验概率 $P(c \mid \boldsymbol{x})$ 的公式为

$$P(c \mid \boldsymbol{x}) = \frac{P(c)P(\boldsymbol{x} \mid c)}{P(\boldsymbol{x})} = \frac{P(c)}{P(\boldsymbol{x})}\prod_{i=1}^{d} P(x_i \mid c) \tag{1-17}$$

其中 d 代表属性的个数。由于对所有样本来说 $P(\boldsymbol{x})$ 的值都是相同的，因此最终得出的朴素贝叶斯分类器的表达式为

$$h(x) = \arg\max_{c \in \mathcal{Y}} P(c)\prod_{i=1}^{d} P(x_i \mid c) \tag{1-18}$$

但是，在估计概率的过程中，可能会出现某个属性在训练集中没有与某个类别同时出现过的情况，这样会导致式 (1-18) 中的连乘出现结果为零的情况，因

此为了避免这种问题的产生，需要进行“平滑”操作，常用的方法为拉普拉斯修正（Laplacian Correction），将式（1-15）和式（1-16）分别修正为

$$P(c)=\frac{|D_c|+1}{|D|+N} \tag{1-19}$$

$$P(x_i \mid c)=\frac{|D_{c_i,x_i}|+1}{|D_c|+N_i} \tag{1-20}$$

其中，N 表示训练集中的类别总数，N_i 表示第 i 个属性可取值的数量。

4. 决策树（Decision Trees）

最早的决策树算法是由 E. B. Hunt 于 1962 年在研究人类的概念学习时提出的 CLS（Concept Learning System），后来，Ross Quinlan 相继提出了 ID3、C4.5 等算法，掀起了决策树研究的热潮。顾名思义，决策树的最终输出以树的形式存在，在这棵树中，每个叶子结点代表一种输出类别，每个分支代表分类的一个过程，每个内部节点代表对某个属性的预测过程，其流程遵循“分而治之”的策略。在进行分类任务时，只需要从决策树的根节点开始，按照内部节点上从上到下的顺序进行测试，直到到达某个分支的叶子结点，这就是该测试样本的分类。

可以看出，生成一棵决策树就是最重要的步骤。简单来说，决策树的构建就是对训练数据集进行多次划分的过程，最终得到的划分中的类别是一致的，因此构造决策树的关键在于选择最优划分属性，不同的决策树有不同的选择方法。规定训练集 $D=\{(x_1, y_1), (x_2, y_2), \cdots, (x_m, y_m)\}$，属性集 $A=\{a_1, a_2, \cdots, a_d\}$。

对于 ID3 决策树，选择信息增益（Information Gain）作为划分指标。假设训练样本 D 中第 k 类样本所占的百分比为 $p_k(k=1, 2, \cdots, |y|)$，首先将 D 的信息熵（Information Entropy）定义为

$$Ent(D)=-\sum_{k=1}^{|y|} p_k \log_2 p_k \tag{1-21}$$

$Ent(D)$ 的值越小，数据的纯度越高。

假设最终划分的属性 a 的取值有 V 个可能值 $\{a^1, a^2, \cdots, a^V\}$，那么最终形成的决策树就会含有 V 个分支，用 D^v 表示 D 中属于第 v 个分支的样本，那么属

性 a 对数据集 D 的信息增益可表示为

$$Gain(D, a) = Ent(D) - \sum_{v=1}^{V} \frac{|D^v|}{|D|} Ent(D^v) \tag{1-22}$$

一般情况下，信息增益越大，就代表用属性 a 来进行划分所得到的纯度提升越大，因此 ID3 算法选择属性 $a_* = \arg\max_{a \in A} Gain(D, a)$ 作为划分属性。

而对于另一种决策树——CART，通常使用基尼指数（Gini Index）选择划分属性。首先数据集 D 的纯度用基尼值来表示

$$Gini(D) = \sum_{k=1}^{|y|} \sum_{k \neq k'} p_k p_{k'} \tag{1-23}$$

$Gini(D)$ 的值越小，数据的纯度越高。

属性 a 的基尼指数定义如下

$$Gini\_index(D, a) = \sum_{v=1}^{V} \frac{|D^v|}{|D|} Gini(D^v) \tag{1-24}$$

一般情况下，基尼指数越小，就代表用属性 a 来进行划分所得到的纯度提升越大，因此 CART 决策树选择属性 $a_* = \arg\min_{a \in A} Gini\_index(D, a)$ 作为划分属性。

在决策树的构建过程中，由于存在噪声的干扰，可能会出现过拟合（训练样本学的“太好”了）的现象，因此需要通过剪枝（Pruning）操作用大多数类的叶子节点替换掉这些因为噪声产生的无效分支，包括预剪枝（Prepruning，自上而下进行剪枝）和后剪枝（Post-pruning，自下而上进行剪枝）两种方式。

5. K-近邻算法（k-Nearest Neighbors，KNN）

1968 年，Cover 和 Hart 提出了 KNN 算法，这是一种在实现较为简单且在理论上十分成熟的机器学习算法，它的基本思想与“近朱者赤，近墨者黑”有异曲同工之妙：假设特征空间中某个样本属于某一类别，那么对于与之最相似的 k 个样本来说，它们同样属于这个分类。该算法共分为两个步骤，第一步从训练集中找到离待测样本最近的 k 个样本，第二步根据这 k 个样本来预测待测样本的最终属性。

假设存在训练集 $\{(\boldsymbol{x}_i, y_i)\}_{i=1}^{n}$，其中，$\boldsymbol{x}_i = \{x_{i1}; x_{i2}; \cdots; x_{in}\}$ 是一个 v 维的向量，代表训练集中的样本，y_i 是样本对应的分类标签，对于训练集中 $\boldsymbol{x}_j = \{x_{j1};$

x_{j2}；…；$x_{jn}\}$ 所对应的未知的y_j，该算法首先计算每个 $\boldsymbol{x}_i$ 到 $\boldsymbol{x}_j$ 的距离 $d(\boldsymbol{x}_i,\boldsymbol{x}_j)$，这里的距离通常采用欧氏距离，即

$$d(\boldsymbol{x}_i,\ \boldsymbol{x}_j)=\left(\sum_{u=1}^{n}|x_{iu}-x_{ju}|^2\right)^{\frac{1}{2}} \tag{1-25}$$

之后，将计算出的所有距离按照次序进行排列，从中选取距离 $\boldsymbol{x}_j$ 最近的 k 个样本，在这 k 个样本中，选取大多数点所在的分类，将这个分类赋予 y_j，这就是具体的算法流程。

KNN 是一种懒惰的、无参的算法模型，“懒惰”是指 KNN 算法的训练过程并不像其他算法一样明显，在其所谓的“训练”过程中，其实只是将样本进行了简单的保存操作，直到测试样本出现后才会进入下一个步骤。无参指的是算法是没有参数的，也就是不会假设模型是某一种形式，而是根据数据来确定模型的具体结构。

6. 支持向量机（Support Vector Machines，SVM）

1995 年，Vapnik 在统计学习理论的基础上提出了一种新的机器学习方法——支持向量机。与之前存在的机器学习方法相比，支持向量机具有几点明显的优势：第一，SVM 建立在 VC 维和结构风险最小化的基础上，因此与基于经验风险最小化的传统机器学习方法相比具有很好的泛化能力；第二，在处理高维问题的过程中，SVM 可以得到全局最优解，而在神经网络中，往往会陷局部极值；第三，由于 SVM 加入了核函数，算法的复杂程度仅与样本的数量有关，隐去了样本维数的影响。

图 1.4 显示了 SVM 分类原理，假设训练集 $D=\{(x_1,\ y_1),\ (x_2,\ y_2),\ \cdots,\ (x_m,\ y_m)\}$ 中的样本可以被某个超平面 $w\cdot x+b=0$ 完美地分开，且与超平面距离最近的样本的距离之和最大。

对于线性可分的样本，假设 H_1：$w\cdot x+b=1$ 和 H_2：$w\cdot x+b=-1$ 分别是平行于分类超平面并且经过各类中距离分类超平面最近的样本的平面，令分类间隔为 H_1 和 H_2 之间的距离，即 $\dfrac{2}{\|w\|}$，要使得分类间隔最大，也就是要使得 $\|w\|$ 最小，并且两个 H_1 和 H_2 之间没有多余的样本，也就是数据集中的任意一个样本

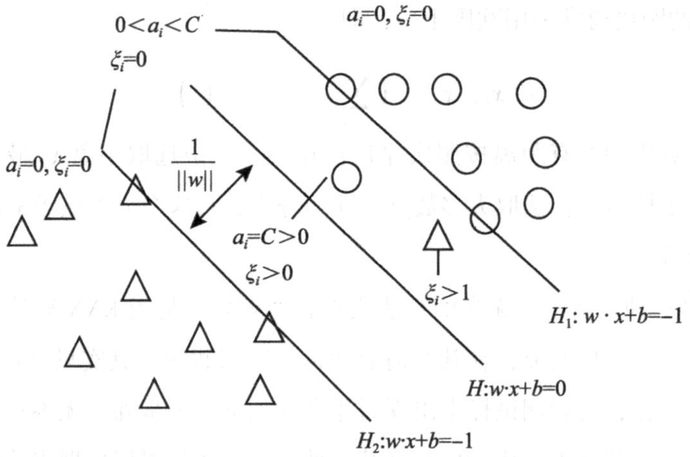

图 1.4　支持向量机的分类原理

(x_i, y_i) 需要满足

$$\begin{cases} w \cdot x_i + b \geqslant 1 & y_i = 1 \\ w \cdot x_i + b \leqslant -1 & y_i = -1 \end{cases} \tag{1-26}$$

也就是要找到

$$\min_{w,\ b} \frac{1}{2} ||w||^2$$

$$s.t. \quad y_i(w \cdot x_i + b) \geqslant 1 \quad i = 1,\ 2,\ \cdots,\ m \tag{1-27}$$

这个平面就是最后选择的最优的分类平面，其中使得等号成立的样本 $(x_i,\ y_i)$ 就是支持向量，可以看出，最优分类平面只与支持向量有关，与其他样本没有关系。

对于线性不可分的样本，则引入非松弛变量 $\xi = (\xi_1,\ \xi_2,\ \cdots,\ \xi_m) \geqslant 0$ 进行最优平面构造，同样在错误最小的条件下进行分类：

$$\min_{w,\ b,\ \xi} \frac{1}{2} ||w||^2 + C\sum_{i=1}^{m} \xi_i$$

$$y_i(w \cdot x_i + b) \geqslant 1 - \xi_i \qquad i = 1,\ 2,\ \cdots,\ m,\ \xi_i \geqslant 0 \tag{1-28}$$

其中，C 代表乘法因子，C 越大，表示对分类错误后的惩罚力度越大。

对于非线性问题，除了引入非松弛变量，还可以通过采取适当的核函数 $K(x_i, y_i) = \Phi(x_i) \cdot \Phi(y_i)$ 的办法将其变换为高维空间中的线性问题，并在高维空间求解，那么式（1-28）转换为

$$\min_{w,b} \frac{1}{2} ||w||^2$$

$$y_i(w \cdot \Phi(x_i) + b) \geqslant 1 \quad i = 1, 2, \cdots, m \tag{1-29}$$

常用的核函数有径向基核函数：

$$K(x, x_i) = e^{-\gamma ||x - x_i||^2} \tag{1-30}$$

其中 $\gamma = \frac{1}{2\sigma^2}$，$\sigma$ 是一个自由参数。径向基函数的对应特征空间是无穷大的，而一般情况下训练所用的样本是有限的，因此样本在这个特征空间中一定是线性可分的，基于这一优势，径向基函数被广泛使用。

1.5.2 无监督学习算法

传统无监督学习算法主要可以用来聚类和降维，本节共介绍了常见的两种聚类算法和两种降维算法。

1. K-均值聚类（K-means clustering）[5]

1967 年，J. B. MacQueen 提出了 K-means 算法，它源于信号处理中的一种向量量化的方法，该算法的目标是将 m 个样本划分到 k 个聚类中，这样，每个样本的类别就与离它最近的聚类中心的类别一致，并将此作为聚类的依据。用表达式直观地表示就是，给定样本集 $D = \{\boldsymbol{x}_1, \boldsymbol{x}_2, \cdots, \boldsymbol{x}_m\}$，得到一个簇划分 $C = \{C_1, C_2, \cdots, C_k\}$ 使得平方误差

$$E = \sum_{i=1}^{k} \sum_{x \in C_i} ||\boldsymbol{x} - \boldsymbol{\mu}_i||_2^2 \tag{1-31}$$

最小，其中 $\boldsymbol{\mu}_i = \frac{1}{|C_i|} \sum_{x \in C_i} \boldsymbol{x}$ 代表簇 C_i 的均值向量。E 的值越小，簇样本的联系越紧密，相似度越高。为了找到最优解，K-means 算法采取了贪心策略，也就是通过不断迭代来对解进行优化，具体的步骤如下：

首先从 D 中随机选择 k 个样本作为初始均值向量 $\{\boldsymbol{\mu}_1, \boldsymbol{\mu}_2, \cdots, \boldsymbol{\mu}_k\}$，同时

令 $C_i=\phi$，采用欧式距离计算样本 $\boldsymbol{x}_j$ 与各个均值向量的距离 $d_{ji}=\|\boldsymbol{x}_j-\boldsymbol{\mu}_i\|_2$，找出与之距离最近的均值向量用于确定 $\boldsymbol{x}_j$ 的簇标记：$\lambda_j=\underset{i\in\{1,2,\cdots,k\}}{\operatorname{argmin}} d_{ji}$，并将样本 $\boldsymbol{x}_j$ 划分到对应的簇中：$C_{\lambda_j}=C_{\lambda_j}\cup\{\boldsymbol{x}_j\}$；然后，根据划分好的簇计算新的均值向量 $\boldsymbol{\mu}'_i=\frac{1}{|C_i|}\sum_{x\in C_i}\boldsymbol{x}$；最后重复上述两个步骤，当达到终止条件时则停止运行，这个停止条件通常是各个聚类中心不再发生变化，但是为了避免达到停止条件的时间太长，通常会人为设置一个最大迭代次数或者阈值（两次迭代间的变化幅度）来对运行时间进行控制。

2. 层次聚类（Hierarchical Clustering）[6]

层次聚类在不同层次对数据集进行划分，形成的聚类结构以树状的形式存在，对于数据集的划分方式，可以分为“自底向上”聚合（凝聚法）和“自顶向下”分拆（分裂法）的策略，其中凝聚法是在实际任务中更为常用的方法。

凝聚法在最开始将所有的样本都作为一个聚类，在之后的迭代过程中，依次找到两个聚集最近的簇进行合并，重复这个操作直到达到预先设定的簇的数量。可以看出，这里的关键在于计算两个簇之间的距离，而每个簇都是一个样本的集合，因此，簇间距离的计算可以转换成关于集合的某种计算，对于给定的聚类簇 C_i 和 C_j，有三种计算距离的方式：

$$\text{最小距离：} d_{\min}(C_i,C_j)=\min_{x\in C_i,z\in C_j}\operatorname{dist}(\boldsymbol{x},z) \tag{1-32}$$

$$\text{最大距离：} d_{\max}(C_i,C_j)=\max_{x\in C_i,z\in C_j}\operatorname{dist}(\boldsymbol{x},z) \tag{1-33}$$

$$\text{平均距离：} d_{\text{avg}}(C_i,C_j)=\frac{1}{|C_i||C_j|}\sum_{x\in C_i}\sum_{z\in C_j}\operatorname{dist}(\boldsymbol{x},z) \tag{1-34}$$

显然可以看出，最小距离与两个簇中距离最近的样本直接相关，最大距离与两个簇中距离最近的远样本直接相关，平均距离与两个簇中的所有样本都有关系。

分裂法与凝聚法的过程相反，它首先将数据集中所有的样本看成一个聚类簇，然后再每一次迭代中找到具有最大直径的簇（簇的直径是指一个簇中任意两个样本间的欧氏距离的最大值），并将该簇分类，直到达到预设的停止条件（达到预先设定的簇的个数或者簇间距离超过了预先设定的阈值）。

3. 主成分分析（Principal Component Analysis，PCA）[7]

主成分分析是一种十分常用的降维方法，由 Pearson 在 1901 年首次提出，1933 年 Hotelling 对其做了改进和推广。它指的是将 n 维特征映射到 m 维上（$m < n$），然后再正交变换的基础上将可能相关的变量的相关性解除，变为不相关的变量，这个转换后的变量就叫作主成分。

对于正交属性空间中的样本点，如果希望用一个超平面将它们进行表达，那么这个平面会具有以下两个性质：

①最近重构性：样本到这个平面的距离都足够近。

②最大可分性：样本在这个平面上的投影尽可能不重合。

在这两个性质的基础上，主成分分析有两种等价的推导方式。

首先从最近重构性推导。假定样本集 $D = \{\boldsymbol{x}_1, \boldsymbol{x}_2, \cdots, \boldsymbol{x}_m\}$ 的维数为 d，低维空间的维数为 d'，同时已经进行了中心化，也就是 $\sum_i \boldsymbol{x}_i = 0$，再假定经过投影变换后的新坐标系为 $\{\boldsymbol{w}_1, \boldsymbol{w}_2, \cdots, \boldsymbol{w}_d\}$，$\boldsymbol{w}_i$ 为标准正交基向量，$||\boldsymbol{w}_i||_2 = 1$，$\boldsymbol{w}_i^{\mathrm{T}} \boldsymbol{w}_j = 0 (i \neq j)$。为将维度降低到 $d' < d$，将新坐标系中的部分坐标进行舍弃，那么样本在低维坐标系中的投影为 $\boldsymbol{z}_i = (z_{i1}, z_{i2}, \cdots, z_{id'})$，其中 $z_{ij} = \boldsymbol{w}_j^{\mathrm{T}} \boldsymbol{x}_i$ 是 $\boldsymbol{x}_i$ 在低维坐标下第 j 维的坐标，假设现在基于 $\boldsymbol{z}_i$ 来重构 $\boldsymbol{x}_i$，那么 $\hat{\boldsymbol{x}}_i = \sum_{j=1}^{d'} z_{ij} \boldsymbol{w}_j$。

对于整个训练集，原始样本 $\boldsymbol{x}_i$ 和重构后的样本 $\hat{\boldsymbol{x}}_i$ 之间的距离可表示为

$$\sum_{i=1}^{m} \left\| \sum_{j=1}^{d'} z_{ij} \boldsymbol{w}_j - \boldsymbol{x}_i \right\|_2^2 = \sum_{i=1}^{m} \boldsymbol{z}_i^{\mathrm{T}} \boldsymbol{z}_i - 2 \sum_{i=1}^{m} \boldsymbol{z}_i^{\mathrm{T}} \boldsymbol{W}^{\mathrm{T}} \boldsymbol{x}_i + const - tr\left(\boldsymbol{W}^{\mathrm{T}} \left(\sum_{i=1}^{m} \boldsymbol{x}_i \boldsymbol{x}_i^{T}\right) \boldsymbol{W}\right) \tag{1-35}$$

根据最近重构性，式（1-35）应该进行最小化操作，而 $\boldsymbol{w}_j$ 为标准正交基，$\sum_{i=1}^{m} \boldsymbol{x}_i \boldsymbol{x}_i^{\mathrm{T}}$ 为协方差矩阵，有

$$\min_{\boldsymbol{W}} - tr(\boldsymbol{W}^{\mathrm{T}} \boldsymbol{X} \boldsymbol{X}^{\mathrm{T}} \boldsymbol{W}) \tag{1-36}$$

$$\text{s.t.} \quad \boldsymbol{W}^{\mathrm{T}} \boldsymbol{W} = \boldsymbol{I}.$$

这就是主成分分析的优化目标。

从最大可分性出发，样本点 $\boldsymbol{x}_i$ 在新空间超平面上的投影为 $\boldsymbol{W}^{\mathrm{T}}\boldsymbol{x}_i$，如果目标是使投影后的样本点尽量不聚集在一起，那么在投影后，就要让样本点的方差最大化，投影后的样本点的方差可表示为 $\sum_i \boldsymbol{W}^{\mathrm{T}}\boldsymbol{x}_i\boldsymbol{x}_i^{\mathrm{T}}\boldsymbol{W}$，于是优化目标可变为

$$\max_{\boldsymbol{W}} tr(\boldsymbol{W}^{\mathrm{T}}\boldsymbol{X}\boldsymbol{X}^{\mathrm{T}}\boldsymbol{W}) \tag{1-37}$$
$$\text{s. t. } \boldsymbol{W}^{\mathrm{T}}\boldsymbol{W}=\boldsymbol{I}.$$

易得，式（1-36）与式（1-37）等价，然后使用拉格朗日乘子法对这两个式子计算可得

$$\boldsymbol{X}\boldsymbol{X}^{\mathrm{T}}\boldsymbol{W}=\lambda\boldsymbol{W} \tag{1-38}$$

于是，只需要对特征值矩阵 $\boldsymbol{X}\boldsymbol{X}^{\mathrm{T}}$ 进行特征值分解，对求得的特征值进行排序：$\lambda_1 \geqslant \lambda_2 \geqslant \cdots \geqslant \lambda_d$，再取出前 d' 个特征值对应的特征向量构成 $\boldsymbol{W}=(\boldsymbol{w}_1, \boldsymbol{w}_2, \cdots, \boldsymbol{w}_{d'})$ 构成主成分分析的解。

降维后的 d' 通常由用户自行设定，也可以通过在 d' 值不同的低维空间对其他开销较小的学习器进行交叉验证来选取较好的 d' 的值。显然，PCA 舍弃了最小的 $d'-d$ 个特征值对应的特征向量，虽然这看起来丢失了一些信息，但是这是降维后所导致的必然后果，同时也是非常必要的操作：首先，部分信息的舍弃对增大采样密度有正向的效果；其次，如果噪声干扰对数据产生了影响，这些噪声往往与最小的特征向量对应的特征值有关，舍弃它们不仅不会产生不利的影响，相反可以在一定程度上去除噪声的干扰。

4. 独立成分分析（Independent Component Analysis，ICA）

独立成分分析是于 20 世纪 90 年代提出的一种降维方法，最初它是被用来解决神经网络研究中的一个问题的，与主成分分析有着紧密的联系。ICA 从一个非常简单的假设出发：成分是在统计上独立的，并且其中的独立成分被假设为是非高斯分布的。

首先以一个经典的鸡尾酒宴会问题来进行描述，假设宴会上共有 n 个人，他们可以同时说话，并且房间中安装了 n 个麦克风来收集他们的声音，宴会结束后，n 个麦克风中收集到了一组数据

$$\{X^{(i)}(x_1^{(i)}, x_2^{(i)}, \cdots, x_n^{(i)}); i=1, 2, \cdots, m\} \tag{1-39}$$

i 表示按时间顺序进行采样，最重的目标就是从这 m 组数据中分辨出每个人说话的信号。对这 n 个信号源进行细化

$$s(s_1, s_2, \cdots, s_n)^T \quad s \in R^n \tag{1-40}$$

每个人发出的声音是相互独立的，且每一维向量就代表一个人的声音信号。假设 A 是一个未知的混合矩阵，作用是组合叠加信号 s，则有

$$x = As \tag{1-41}$$

其中 x 和 s 均为矩阵而不是向量。其中 $X^{(i)}$ 的每个分量都由 $s^{(i)}$ 的分量线性表示。由于 A 和 s 都是未知的，x 是已知的，要根据 x 来推导出 s。令 $W=A^{-1}$，则有 $s^{(i)}=A^{-1}x^{(i)}=Wx^{(i)}$，将 W 表示为

$$W = \begin{bmatrix} w_1^T \\ \vdots \\ w_i^T \\ \vdots \\ w_n^T \end{bmatrix} \quad w_i \in R^n \tag{1-42}$$

得到 $s_j^{(i)} = w_j^T x^{(i)}$，迭代求得 W，则有 $s^{(i)} = Wx^{(i)}$，则可还原出原始信号。

1.5.3 半监督学习算法

1. 生成式方法（Generate Methods）[8]

生成式方法是在生成式模型上形成的算法，它做出了这样一种假设：样本和类标签的生成方式为，从某个或者某组有一定结构关系的概率分布中随机生成，已知类先验分布 $p(y)$ 和类条件分布 $p(\boldsymbol{x}|y)$，在 $y \sim p(y)$ 和 $\boldsymbol{x} \sim p(\boldsymbol{x}|y)$ 进行重复采样，然后从这些分布中生成有类标签的样本 $\boldsymbol{L}$ 和无类标签的样本 $\boldsymbol{U}$。根据概率论公理得到后验分布 $p(y|\boldsymbol{x})$，找到使得 $p(y|\boldsymbol{x})$ 最大的标签对 $\boldsymbol{x}$ 进行标记，对于其求解过程，通常是基于 EM 算法进行极大似然估计。

生成样本模型包括高斯混合模型、多项混合模型、高斯模型、贝叶斯网络、S 型信度网、隐马尔科夫模型和隐马尔科夫随机场模型等，常见的生成式方法是

朴素贝叶斯分类器（见 1.5.1）。这类方法结构简单、易于实现，在有类标签样本数量较少的情况下能取得比其他方法更好的性能，但是，这种方法要求模型必须准确，这是学习结果是否准确的关键，也就是说，必须保证假定的生成式模型与样本的分布相吻合，否则使用未标记样本反而会降低泛化性能，但是，在实际的应用过程中，往往很难对模型数据的分布做出准确的判断。

2. 半监督支持向量机（Semi-Supervised Support Vector Machine，S3VM）

半监督支持向量机是支持向量机在半监督学习上的推广。SVM 在不包括未标记样本的条件下，试图找到一个能将样本以最大间隔划分的超平面，在包括未标记样本后，S3VM 试图找到一个能将有标记样本分开且穿过数据低密度区域（低密度分隔，Low-density Separation）的超平面，如图 1.5 所示，“+”“-”表示有标记的正反样本，灰色圆点表示未标记样本。

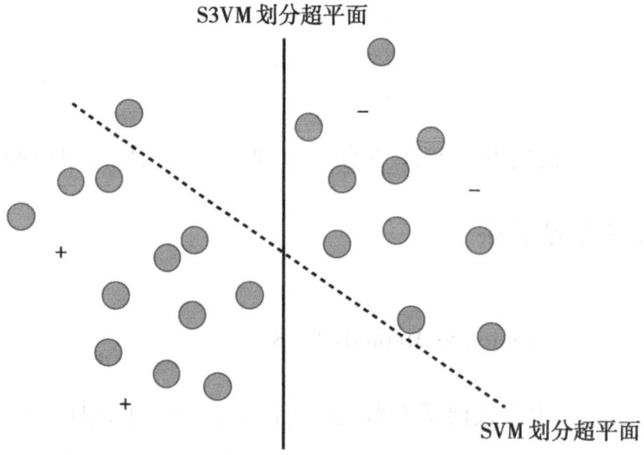

图 1.5　半监督支持向量机与低密度分隔

半监督支持向量机中最著名的是 TSVM（Transductive Support Vector Machine）。给定 $D_l = \{(\boldsymbol{x}_1, y_1), (\boldsymbol{x}_2, y_2), \cdots, (\boldsymbol{x}_l, y_l)\}$ 和 $D_u = \{\boldsymbol{x}_{l+1}, \boldsymbol{x}_{l+2}, \cdots, \boldsymbol{x}_{l+u}\}$，其中 $y_i \in \{-1, +1\}$，$l \ll u$，$l+u=m$，TSVM 的目标就是学习出 D_u 中的样本的预测标记 $\hat{\boldsymbol{y}} = \{\hat{y}_{l+1}, \hat{y}_{l+2}, \cdots, \hat{y}_{l+u}\}$，$\hat{y}_i \in \{-1, +1\}$，

使得

$$\min_{w,\, b,\, \hat{y},\, \xi} \frac{1}{2} \| w \|_2^2 + C_l \sum_{i=1}^{l} \xi_i + C_u \sum_{i=l+1}^{m} \xi_i \tag{1-43}$$

$$\text{s.t.} \quad y_i(\boldsymbol{w}^{\mathrm{T}} \boldsymbol{x}_i + b) \geqslant 1 - \xi_i \quad i = 1, 2, \cdots, l,$$

$$\hat{y}_i(\boldsymbol{w}^{\mathrm{T}} \boldsymbol{x}_i + b) \geqslant 1 - \xi_i \quad i = l+1, l+2, \cdots, m,$$

$$\xi_i \geqslant 0, \ i = 1, 2, \cdots, m$$

其中，(w, b) 确定了用于划分的超平面，$\boldsymbol{\xi}$ 是松弛向量，$\xi_i(i = 1, 2, \cdots, l)$ 与有标记样本相对应，$\xi_i(i = l+1, l+2, \cdots, m)$ 与未标记样本相对应，C_l 与 C_u 是用来平衡模型复杂度、两类样本的重要程度的折中参数，由用户指定。

首先，用 D_l 训练出一个 SVM_l，用 SVM_l 对 D_u 中的样本进行预测，得到 $\hat{\boldsymbol{y}} = (\hat{y}_{l+1}, \hat{y}_{l+2}, \cdots, \hat{y}_{l+u})$，即将 SVM 预测的结果作为伪标记赋予给未标记的样本，然后初始化 $C_u \ll C_l$，当 $C_u < C_l$ 的时候，基于 D_l，D_u，$\hat{\boldsymbol{y}}$，C_l，C_u 求解式（1-43），得到 (w, b)，$\boldsymbol{\xi}$，这时候，对 $\hat{\boldsymbol{y}}$ 进行调整，如果存在 i、j，使得 $(\hat{y}_i \hat{y}_j < 0) \wedge (\xi_i > 0) \wedge (\xi_j > 0) \wedge (\xi_i + \xi_j > 2)$，也就是存在一对未标记样本 $\boldsymbol{x}_i$，$\boldsymbol{x}_j$，其标记指派 $\hat{y}_i$，$\hat{y}_j$ 不同，这意味着 $\hat{y}_i$ 和 $\hat{y}_j$ 很可能是错误的，那么就让 $\hat{y}_i = -\hat{y}_i$，$\hat{y}_j = -\hat{y}_j$，再重复式（1-43）的求解步骤，得到新的 (w, b)，$\boldsymbol{\xi}$，这样每轮迭代之后可以使得式（1-43）的目标函数值下降，为了提高未标记样本的影响，使 $C_u = \min\{2C_u, C_l\}$，直到循环结束（$C_u = C_l$），最后得到未标记样本的最终预测结果，这就是 TSVM 算法流程。

但是在实际应用过程中，未标记样本和标价样本的数量可能相差较大，也就是存在样本不平衡的问题，为了减轻这一问题带来的影响，可以通过一定的方法对算法进行改进：将 C_u 分为 C_u^+ 和 C_u^- 两个部分，分别代表基于伪标记而被当作正例、反例的未标记样本，并在初始化时令

$$C_u^+ = \frac{u_-}{u_+} C_u^- \tag{1-44}$$

其中 u_+，u_- 分别代表基于伪标记而被当作正例、反例的未标记样本的数量。

3. 协同训练（Co-training）[9]

为了能更好地处理多视图数据，协同训练由此产生，它也是多视图学习

(Multi-view Learning) 的代表。所谓多视图数据，是指在实际应用中，一个数据对象往往不会只对应一个属性，那么这些属性就称为一个视图。假定不同的视图具有相容性（其所包含的关于输出空间的信息是一致的），那么，在相容性的基础上，如果不同视图信息之间存在互补性（即不同视图之间的信息可以相互配合进行判断），这会给后续的模型构建带来很多方便之处。

协同训练就是利用了多视图“相容互补性”的特点。协同训练的大致流程为，假定拥有两个充分（指每个视图都包含足够的信息产生学习器）且条件独立（指在给定类别标记条件下两个视图独立）的视图。在这个条件下，首先在每个视图上利用有标记样本训练出一个分类器，然后让每个分类器分别去挑选自己“最有把握”的未标记样本赋予伪标记，之后，这个未标记会被加入到另一个分类器中作为新的有标记的样本……重复这个过程，直到两种分类器都不再发生变化或者达到设置好的迭代次数的时候停止运行。

协同训练虽然过程简单，但是理论研究表明 [10]，如果两个视图满足充分独立的条件，通过协同训练可以利用未标记样本将弱分类器的性能提高到任意水平。尽管这个特点看起来是很优秀的，但遗憾的是实际应用中充分独立是很难满足的条件，因此尽管性能会提高，但提高的幅度不会特别大。

1.5.4　强化学习算法

假定环境是马尔可夫型 [11] 的，首先给出马尔科夫决策过程的定义。它包含一个环境状态集合 S，agent 行为集合 A，如图 1.6 所示。所谓 agent，即：智能体，它通过某种策略输出一个行为（action）作用到环境（environment），环境反馈状态值和奖励值到智能体，然后又转到下一个状态，不断循环直到找到最优策略。奖励函数 R，$S \times A \rightarrow Real$ 和状态转移函数 T，记 $R(s, a, s')$ 为 Agent 在状态 s 下采取动作 a 转移到状态 s' 获得的瞬时奖励值，$T(s, a, s')$ 为在状态 s 下采取动作 a 转移到状态 s' 的概率。马尔可夫决策过程的本质为 agent 从当前状态转移到下一状态的概率和奖励值仅与当前状态和选择的动作有关，而和上一个状态、上一个动作等其他一系列状态和动作没有任何关系，通常采取动态规划技术求解最优策略，为了确定什么是最优动作，采取状态的值函数或状态-动作对的值函数表达此目标函数，具体形式如下：

$$V^*(s) = \max_a(\gamma \sum_{s' \in S} T(s, a, s')(r(s, a, s') + V^*(s')), \quad \forall s \in S \quad (1\text{-}45)$$

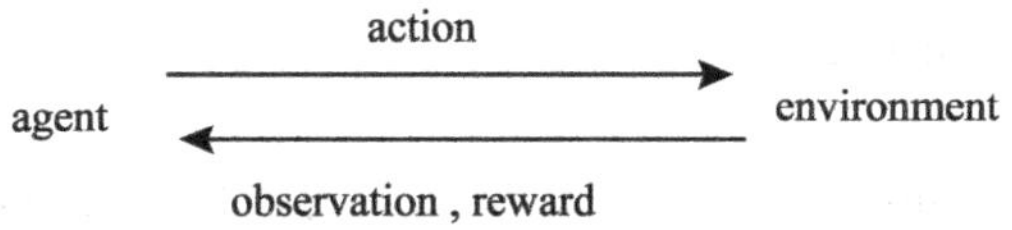

图 1.6　转化过程

1. TD（Temporal Difference）算法［12］

TD 学习是强化学习技术中最主要的技术之一，它同时利用了蒙特卡洛思想和动态规划思想，首先，在系统模型缺失的条件下，TD 算法仍然可以进行学习；其次，TD 算法和动态规划一样，采用估计的值函数进行迭代。

最简单的 TD 算法是一步 TD 算法，也称 TD（0）算法，指的是 agent 在获得瞬时奖励的时候，步数只向后退一步，换句话说，只对相邻状态的估计值产生了影响，其迭代公式为

$$V(s_t) = V(s_t) + \alpha(r_{t+1} + \gamma V(s_{t+1}) - V(s_t)) \quad (1\text{-}46)$$

其中 α 代表学习率，$V(s_t)$ 代表 agent 在 t 时刻访问环境状态 s_t 时的估计状态值函数，r_{t+1} 代表 agent 从状态 s_t 转移到状态 s_{t+1} 获得的瞬时奖励值。具体的算法流程如下：首先初始化 V 的值，然后根据当前策略确定 agent 在状态 s_t 时的动作 a_t，得到经验知识和训练例 $< s_t, a_t, s_{t+1}, r_{t+1} >$，再据此按照式（1-46）修改状态值函数。当 agent 访问到目标状态时，一次循环到此结束，然后继续开始新的循环直到学习完成。

由于 TD（0）算法只修改相邻状态的函数估计值，因此存在收敛慢的问题，为了解决这一问题，应该使 agent 获得的瞬时奖励值可以向后回退任意步，也称 TD（λ）算法

$$V(s) = V(s) + \alpha(r_{t+1} + \gamma V(s_{t+1}) - V(s_t))e(s) \quad (1\text{-}47)$$

其中 $e(s)$ 代表状态 s 的选举度，计算方法有如下两种方式

$$e(s) = \sum_{k=1}^{n} (\lambda\gamma)^{t-k} \delta_{s, s_k}, \quad \delta_{s, s_k} = \begin{cases} 1, & if\ s = s_k \\ 0, & otherwise \end{cases} \quad (1\text{-}48)$$

$$e(s)=\begin{cases}\gamma\lambda e(s)+1, & if\ s \text{ 是当前状态} \\ \gamma\lambda e(s), & otherwise\end{cases} \tag{1-49}$$

2. Q-学习（Q-learning）

Q-学习是由 Watkins 提出的一种模型无关的强化学习算法，又称离策略 TD 学习（Off-policy TD）。它与 TD 算法在估计函数上不同：TD 算法采取状态奖赏和 $V(s)$，而 Q-学习在迭代时采用的是状态-动作对的奖励和 $Q^*(s, a)$ 作为估计函数，agent 在每一次的迭代中都需要考察每一个行为以确保学习收敛，具体形式为

$$Q^*(s, a)=\gamma\sum_{s\in S'}T(s, a, s')(r(s, a, s')+\max_{a'}Q^*(s', a')) \tag{1-50}$$

$$Q(s_t, a_t)=Q(s_t, a_t)+\alpha(r_{t+1}+\gamma\max_{a}Q(s_{t+1}, a)-Q(s_t, a_t)) \tag{1-51}$$

其中，$Q^*(s, a)$ 表示 agent 在状态 s 下采取动作 a 获得的最优奖励折扣。其算法步骤与 TD 算法类似，首先初始化 Q 值，然后根据 ε -贪心策略确定状态 s 下的动作 a，得到经验知识和训练例 $<s_t, a_t, s_{t+1}, r_{t+1}>$，再据此按照式（1-51）修改状态值函数。当 agent 访问到目标状态时，一次循环终止，继续开始新的循环直到学习完成。

Q-学习与 TD 算法的有几点不同，首先，Q-学习在迭代过程中使用的是状态-动作对的值函数；其次，Q-学习可以在不依赖模型的最优策略的条件下只通过贪心策略选择动作。在一定条件下，Q-学习为了保证收敛，也只需要采取贪心策略，因此目前，Q-学习在模型无关的强化学习算法中是十分有效的。

3. Sarsa 算法

1994 年，Rummery 和 Niranjan 提出了另一种基于模型的算法——Sarsa 算法，最初被称为改进的 Q-学习算法，它也采用 Q 值迭代，是一种在策略 TD 学习（On-policy TD），一步 Sarsa 算法可表示为

$$Q(s_t, a_t)=Q(s_t, a_t)+\alpha(r_{t+1}+\gamma Q(s_{t+1}, a)-Q(s_t, a_t)) \tag{1-52}$$

算法具体流程为，在每个学习步，agent 首先根据 ε -贪心策略确定状态 s_t 下的动作 a_t，得到经验知识和训练例 $<s_t, a_t, s_{t+1}, r_{t+1}>$，然后再根据贪心算法

确定状态 s_{t+1} 下的动作 a_{t+1}，并根据式（1-52）对值函数进行修改，接着将 a_{t+1} 作为所采取的下一个动作。显然，Q-学习采用的是值函数的最大值进行迭代，Sarsa 算法采用的是实际的 Q 值进行迭代；Q-学习依据修改后的 Q 值确定动作，Sarsa 算法在每个学习步根据当前的 Q 值确定下一状态的动作，因此，Sarsa 算法被称为在策略（on-policy）TD 学习。

1.6 深度学习技术

机器学习的发展过程经历了两次发展革命浪潮：浅层学习和深度学习。浅层学习阶段，有限样本统计理论进入机器学习领域的视野后，许多优秀的统计机器学习算法被陆续提出，例如 K 近邻、支持向量机、决策树等，尤其是反向传播算法算法，能够让人工神经网络从输入数据中自动进行统计并学习其中的规律，进而对未知样本进行预估。在浅层学习期间，尽管算法模型的训练效果越来越好，但是仍然有很多的问题依然没有得到解决：大部分的机器学习算法在训练过程中十分依赖标签数据，并且可能需要对特征的设计和分类器的选择进行人工干预，会更加的耗时耗力，并且浅层学习时期的很多机器学习算法无法有效利用无标签数据，并且无法应用于深层网络。为解决这些问题，机器学习领域开始向深度学习方向发展。

深度学习是机器学习领域中非常重要的一环，与浅层学习阶段的机器学习模型相比，深度学习是一种在特征提取方面极大程度地排除了人为干涉的表示学习。特征提取在一定程度上会决定着模型运行的好坏，但是特征提取对于时间和精力甚至是某些领域的专业知识都会有一定要求，深度学习模型能够做到自动从数据中提取特征并将其在更高层次中进行映射，大大减少了人力干涉因素的需求，并能够解决浅层学习机器模型中存在的很多问题。在 2006 年 Geoffrey Hinton 和他的学生 Ruslan Salakhutdinov 提出了解决深度网络训练过程中梯度消失的问题的方法后，深度学习掀起了在学术界和工业界的发展浪潮。

1.6.1 深度学习的概念与发展

深度学习（Deep Learning ，DL）在机器学习领域中占据着核心地位，是目前最有望实现人工智能这一目标的技术之一。深度学习是能够对多源数据进行自动探索，汲取数据隐含的内在规律和表示层次、提取相应特征映射到同一特征空间，并获得统一的数据表示一种复杂的机器学习算法。通过对人类学习行为模式的模拟，深度学习赋予机器学习能力，使其通过对大量数据的探索积累“经验”后能够解决复杂的模式识别问题——学习分析、自主思考、识别外部信息等，深度学习的出现促使人工智能的研究出现了突破性的进展。目前，深度学习已经在计算机视觉、自然语言处理、语音识别、机器翻译以及教育数据挖掘等众多热门领域发光发热，落地应用中，生活中有着“智能”名称的技术的背后大多有着深度学习的影子。

1. 萌芽期

深度学习概念起源于对人工神经网络的研究，它的发展也得益于机器学习的厚积薄发。1943 年，一篇名为《神经活动中内在思想的逻辑演算》的论文推开了深度学习领域的大门，该论文的撰写者 W. S. McCilloch 和 W. Pitts 对研究生物神经元的结构和工作原理进行研究，并利用模型对该运行过程进行抽象和简化，建立了一个基于神经网络名为 Mc-Culloch-Pitters 的计算机构，诞生了所谓的“模拟大脑”，该结构奠定了神经网络发展的基础，虽然需要手动设置权值，但是人工神经网络由此开始发展。

1958 年计算机科学家 Rosenblatt 将 MCP 模型应用于机器学习中进行分类应用，提出了由两层神经元构成的神经网络：感知机。感知机算法使用 MCP 模型学习输入模型中的多维训练数据并模仿人类学习过程进行分类，此外，Rosenblatt 还利用能够收敛的梯度下降法从训练样本中自动学习更新权值，相比于 Mc-Culloch-Pitters 计算机构，该模型可以更合理地自动设置权值，这就是第一代神经网络——单层感知机，它能够实现简单的分类功能。理论和实践的成功结合引起了第一次神经网络的浪潮，燃起了人们对于实现具备感知、分析、学习能力的智能机器的希望，对神经网络的发展具有里程碑式的意义。然而深度学习并没有就此进一步发展，1969 年 Marvin Minsky 在他的著作中证明了感知机为线性模型的本质，仅能处理线性分类的数据，对异或 XOR 问题束手无策，且单层的特征层和智能机器的定义是不一致的，此外在应用上有着相当大的约束和限制，神经网络的发展也因此进入了冰河期。

1986 年，神经网络之父 Geoffrey Hinton 推广的反向传播算法通过增加误差反向传播的方式来提升多层感知机的性能，并利用生物学中常见的 S 形曲线 Sigmoid 函数对数据进行非线性的映射，他还将初代神经网络中的单隐层网络切换成多个隐藏层，这就是第二代的神经网络模型。二代神经网络模型利用反向传播算法来训练网络，有效地解决了非线性分类和学习的问题，神经网络得以再次发展，进入了第二次发展期，1989 年，LeCun 构建的卷积神经网络成功地完成了手写体数字识别的实验，再次激励了深度学习的发展。然而到了 90 年代时，反向传播算法被证明会出现梯度消失而导致对前层无法进行有效学习的问题，再加上 90 年代中期各种浅层机器学习模型例如支持向量机等相继被提出，相对于当时的神经网络来说，这些基于统计学的机器学习模型在分类和回归的问题上表现得更好，导致对于神经网络的研究再次被搁置，因此深度学习的发展脚步再次被阻碍。

2. 快速发展期

2006 年，Geoffrey Hinton 及其学生 Ruslan Salakhutdinov 在 *Science* 上发表的一篇在神经网络理论方面取得了突破性进展的文章，他们通过从人类大脑中的图模型研究中获得灵感，利用预训练方式快速训练深度神经网络，抑制了反向传播算法中梯度消失的问题，该方法还被证明可以应用于自编码器等无监督学习，该论文的发表再次激发了深度学习的生命力，深度学习迈向了快速发展时期，在学术界和工业界开始蓬勃发展。

3. 爆发期

2012 年 Geoffrey Hinton 及其学生参加了 ImageNet 比赛，他们构造的 AlexNet 网络将图片分类问题的错误率下降到了 15%，以碾压第二名（使用 SVM 模型）的成绩取得了该比赛的冠军，该模型的突出表现迅速吸引了学术界和工业界的目光，深度学习的研究发展也进入了爆发期，不断地提升和发展。2014 年 Facebook 公司研发的基于深度学习的 DeepFace 系统人脸识别成功率可以达到 97%以上，2016 年，谷歌公司以深度学习为基础开发的 AlphaGo 以 4：1 的成绩战胜了国际顶尖围棋高手李世石，证明了深度学习技术在围棋界的能力，并随后相继和众多顶尖高手博弈取得了完胜的结果，一时社会对于深度学习讨论热度大涨。此后 AlphaGo 再度升级，基于强化学习的 AlphaGo Zero 以强势姿态在 100 局的博弈中完胜之前 AlphaGo，深度学习的发展潜力为世界所知，除了围棋类，深度学习算法在金融，无人驾驶，医疗，教育等多个领域都取得了令人惊喜的成绩，因此，一些学者认为 2017 年是深度学习发展最为迅猛的一年，也是深度学习发展爆发的开端。作为最火热研究领域之一的深度学习在图像、语音、视频、文本和数据分析领域都有着深入的研究，现如今，深度学习实际生活中的应用已经屡见不鲜，渗透到了我们生活的方方面面，它的发展势头正猛，深度学习的潜力远不止于此。

1.6.2　深度学习的主流框架

深度学习的研究越来越火热，掀起了对深度学习框架的研发热潮，如表 1.2 所示，深度学习框架的实现能够避免在实验研究中的重复造轮子，减少不必要的精力浪费，它通过统一规范整体架构、代码风格并进行模块来构架高内聚、严规范、可扩展、可维护、高通用的独立体系结构，也是可以复用的解决方案，当前主流的深度学习框架有以下几种：

表 1.2　**主流深度学习框架**

框架名称	研发团队	支持语言	特　点
Tensorflow	Google Brain	Python、C++	高灵活度、强拓展性、自动求微分，可视化
PyTorch	Facebook 智能研究学院	Python	GPU 加速张量计算、支持动态神经网络、包含自动求导系统
Caffe	伯克利大学	Python、MATLAB、C++	可利用 GPU、CPU 的加速计算、支持多类型神经网络架构、适合快速开发和工程应用
Theano	蒙特利尔大学	Python	使用 GPU 加速计算、高效的符号区分、速度和稳定性优化、广泛的单元测试和自我验证

1. TensorFlow

Tensorflow 是 Google Brain 团队开发的第二代开源人工智能学习系统，前身是 DistBelief 系统。TensorFlow 是张量在数据流图中的一端流向另一端的过程，它能够将复杂的数据结构传输到人工智能神经网络进行分析处理，Tensorflow 可用于进行机器学习和深度学习研究。以预设的数据流图为计算架构，Tensorflow 在该架构中进行计算，数据流图中的节点表示某种数据运算操作，相连节点之间的边则表示张量在数据运算节点间的传递路径，且 Tensorflow 拥有的灵活性和通用性能够方便研究人员进行快速开发和部署，还能够应用于其他领域。

2. PyTorch

PyTorch 是 Facebook 智能研究学院推出的开源机器学习库，PyTorch 是在 Torch 的基础上设计的，Torch 使用 C 语言对核心计算单元进行了优化，并构建了一个通用模型，而 PyTorch 则在 Torch 底层的基础上使用 Python 语言重新开发并扩展了很多内容，它提供 python 接口，并继承了 Torch 的优点：索引、切片、转置例程的许多实现；线性代数例程；神经网络和基于能量的模型；数值优化例程，是以 python 语言为主的深度学习框架。PyTorch 能够利用高效的 GPU 加速张量计算以及动态神经网络，使用更加灵活，并包含了强大自动求导系统。

3. Caffe

Caffe 是伯克利开发的深度学习框架，其内核由高效纯净的 C++作为架构语言，但是 Caffe 提供命令行、python、MATLAB 等语言接口，是一个表达性、思维模块化以及运算速度并存的深度学习库。Caffe 有着很多优点：可以在 CPU 和 GPU 之间无缝切换；提供严格的实验单元测试；能够面向图像处理，还支持 CNN、LSTM 等多种深度学习网络的架构的设计；可利用 GPU 和 CPU 的加速计算内核库；有着丰富的尖端深度算法扩展工具包。Caffe 高度适用于快速开发和工程应用，Caffe 官方提供了大量的示例以及完整的说明文档，只要根据示例，学习相关语法，基本上就可以开始构建自己的神经网络。

4. Theano

Theano 由蒙特利尔大学于 2008 年研发而成，可用于定义、优化和计算数学表达式，可以高效计算多维数组，并催生了许多深度学习 Python 包，其中最著名的是 Blocks。Theano 的特点有：广泛的单元测试和自我验证；集成 NumPy；使用 GPU 加速计算；高效的符号区分；速度和稳定性优化；它的缺点是：扫描中坏参数的传递限制，不可变机制导致函数编译时间过长；Theano 在定义函数时缺乏灵活的多态机制；调试方法较为困难等。

1.6.3　深度学习的主流算法

（1）多层感知机（MLP）

多层感知机（Multilayer Perceptron，MLP）［13］的网络结构由输入层、一个或多个隐藏层和输出层组成，也被称为人工神经网络，是最基本的深度网络。相对于单层感知机，MLP 在解决非线性的问题时表现更加优秀。MLP 中，最底层为输入层，其内神经元的个数和输入样本的特征数相等，负责接收信息；最上层的输出层神经元的个数为类别数，负责对输入信息进行加工和处理；输入层用于接收数据然后传输给隐藏层中的神经元，负责对输入的信息进行认知。隐藏层中的每个神经元会与其相邻的网络层中所有神经元进行全连接，同层间的神经元相互独立，两个神经元之间的连接系数代表着连接权值，隐藏层以及隐藏层中神经元的个数则需视情况而定，是需要设置的超参数。前层网络中神经元的输出加权和为后层网络中神经元的输入。MLP 的前向传播公式为：

$$x_m^l = b_m^l + \sum_{i=1}^{k} w_{im}^{l-1} \times y_i^{l-1} \tag{1-53}$$

$$y_m^l = f(x_m^l) \tag{1-54}$$

其中 x_m^l 表示 MLP 中第 l 层中第 m 个神经元的输入值，y_m^l 和 b_m^l 表示该神经元的输出值和偏置值，w_{im}^{l-1} 为该神经元第 $l-1$ 层第 i 个神经元的连接权值，$f(\cdot)$ 为非线性激活函数，常见的激活函数有 Relu、Tanh、PRelu 和 Sigmiod 等。使用均方误差（Mean Squared Error），损失函数为：

$$J = \sum_{j}^{h} (y_j^l - y_j)^2 \tag{1-55}$$

第 l 层为输出层，y_i^l 为输出层第 j 个神经元的输出，y_j 为第 j 个神经元的真实输出，优化方法通常采用梯度下降法。图 1.7 为 MLP 结构示意图。

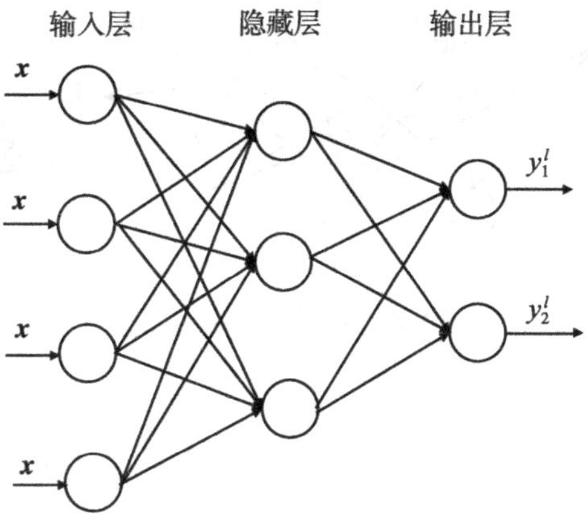

图 1.7　MLP 结构示意图

2. 反向传播（Backpropagation）

反向传播算法（Backpropagation，BP）是由 Bryson、Denham 等人于 1963 年在著作中首次被提出，直到 1986 年经 Geoffrey Hinton 的传播才让其在机器学习领域内开始获得认可。反向传播算法包含两个环节：激励传播和权重更新，在训练过程中两个环节不断的重复迭代，直至符合相应条件才停止。其执行流程为：通过前向传播得到输出值后通过计算得到输出值和训练样本真实值之间的误差，再通过误差反向传播从输出层神经元向隐藏层神经元，根据误差对网络参数进行相应的更新，不断重复该过程，直到达到预定条件停止迭代过程。

设在给定在训练集 $D = \{(x_1, y_1), (x_2, y_2), \cdots, (x_n, y_n)\}$，$x_i \in R^d$，$y_i \in R^l$ 中，l 表示输出神经元的个数，d 表示特征数量，设在神经网络中，隐层和输出层的神经元之间的连接权 w_{hj}，隐层中的神经元输出阈值为 γ_h 输出层第 j 个神经元的输出阈值为 θ_j，输入层和隐藏层神经元之间的连接权值 v_{ih}（输入层中第 i 个神经元和隐层中第 h 个神经元）如图 1.8 所示。

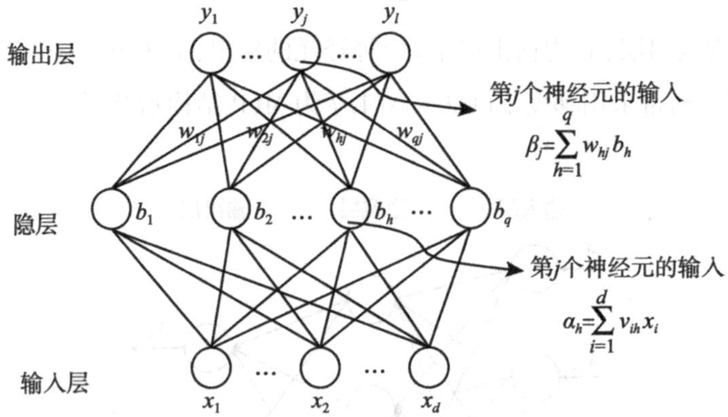

图 1.8　BP 神经网络示意图

以训练样本（x_k，y_k）为例，$\hat{y}_j^k$ 为该样本输出层第 j 个神经元的输出，样本在神经网络上的误差为：

$$E_k = \frac{1}{2}\sum_{j=1}^{l}(\hat{y}_j^k - y_j^k)^2 \tag{1-56}$$

但是值得注意的是整个训练集上的误差累积才是整个算法的优化目标：$E = \frac{1}{m}\sum_{k=1}^{m} E_k$。反向传播算法使用梯度下降法对网络参数进行更新，既定学习率 η，学习率 η 控制着迭代过程中的步长，过大或者过小都会对网络的更新带来影响。通过误差 E_k 对参数的更新可得：

$$\Delta w_{hj} = -\eta \frac{\partial E_k}{\partial w_{hj}} \tag{1-57}$$

根据链式求导法则，最终的 w_{hj} 更新公式为：

$$\Delta w_{hj} = \eta\, \hat{y}_j^k(1 - \hat{y}_j^k)(y_j^k - \hat{y}_j^k)\cdot\frac{\partial \beta_j}{\partial w_{hj}} \tag{1-58}$$

反向传播算法有着很强的表达能力，但是也极易过拟合，通常会在误差目标函数中添加正则化项的方法来抑制过拟合，最终的误差目标函数为：

$$E = \lambda\frac{1}{m}\sum_{k=1}^{m} E_k + (1\text{-}\lambda)\sum_i w_i^2 \tag{1-59}$$

正则化惩罚力度通过 λ 的大小进行控制。

3. 卷积神经网络（CNN）

卷积神经网络（Convolutional Neural Networks，CNN）[14] 在模式分类，图像识别领域的应用十分广泛，1962 年 Hubel 和 Wiesel 对猫的视觉皮层细胞进行研究后发现了一些有着复杂构造的细胞，深入了解后发现这些细胞对输入的空间有着局部敏感的特性，该特性后来也被称为“感受野”，通过对视觉细胞处理信息过程的模拟，他们提出 CNN 网络结构，该网络的局部感知和权值共享两大特性极大地减少了网络结构的参数数目，其简洁明了的网络结构缓解了图像处理过程中参数爆炸的问题。CNN 抛弃了对整体图像进行感知的映射方式，通过将每个神经元仅对部分图像进行映射来实现局部感知，并且在利用 CNN 提取某种数量的特征时，利用神经元之间共享相同数量的权值并利用同数量的卷积核对图像进行卷积，充分利用了图像数据中含有的局部特性，保留了其位移和变形的不变性。

完整的卷积神经网络一般有五种结构：输入层、卷积层、池化层、全连接层和 SoftMax 层，其结构如图 1.9 所示。

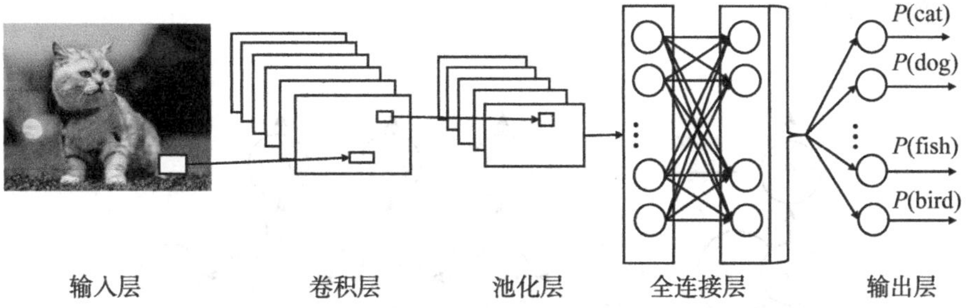

图 1.9 卷积神经网络结构图

其中最核心的部位是卷积层，它能够提取数据特征并在更深层次中进行抽象特征表达，卷积层通过将前层网络中的子节点矩阵进行卷积操输出后层网络生的节点矩阵并加深节点矩阵深度来实现该目标。池化层的池化方法通常由两种：平均池采样和最大池采样，两者的区别为在计算池化窗口时的取值方法为取最大值还是取平均值，其原理为在数值上对矩阵的非重叠区域的聚合特征进行统计，池化过程能够进一步简化网络结构、缩小矩阵的尺寸，但是对特征矩阵的深度无法产生影响。经过卷积池化操作后通常会连接全连接层进行训练后得到分类数据，再送入 SoftMax 层中进行概率转换后得到概率分布结果。

CNN 被提出后吸引了众多学者的目光，通过对 CNN 的深入研究，以 CNN 为原型的强化模型不断的涌现，CNN 的各方面的性能逐步提升，如全卷积神经网络、深度卷积神经网络等。

4. 循环神经网络（Recurrent Neural Networks ，RNN）

Jordan 和 Elman 分别于 1986 年和 1990 年提出的简单循环网络（Simple Recurrent Network ，SRN）被普遍认为是目前大部分循环神经网络（Recurrent Neural Networks ，RNN）的前身，大部分优化迭代的 RNN 变体是以该网络框架为基础。RNN 是一类能够处理序列数据的神经网络结构，例如时间序列数据以及文本数据，且 RNN 在时间步内让神经元共享同一套参数实现参数共享，因此与传统神经网络相比，RNN 能够将不定长的序列数据作为输入进行训练［15］。

RNN 有三层：输入层、隐藏层和输出层。理论上，RNN 可以很好地处理顺序数据，并且网络的复杂性不高，即使当前数据依赖于以前的数据。图 1. 10 为 RNN 的网络结构。

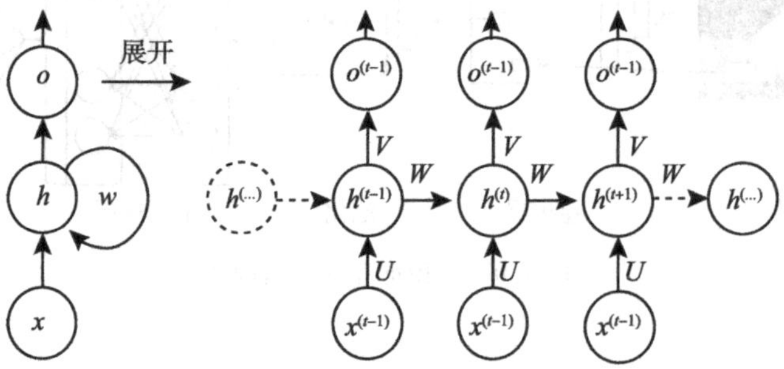

图 1. 10　RNN 网络结构

其中 o 和 x 分别表示输出信息和输入信息，h 表示隐藏单元，W、U、V 表示权重。t 表示时间，t 时的输入和 t 时的前一状态都决定了 t 时隐藏单元的输出，公式中即表现为在时刻 t 隐藏层的输入数据为 $t-1$ 时刻隐藏单元的值 h_{t-1} 和当前 t 时刻的数据，其前向传播公式如下：

$$\begin{cases} h_t = \sigma(W_{xh} + W_{hh}h_{t-1} + b_h) \\ o_{t+1} = W_{ho}h_t + b_y \\ y_t = \text{soft}(o_t) \end{cases} \tag{1-60}$$

W_{xh} 是输入层中到隐藏层中连接的神经元之间的权重，W_{hh} 为隐藏层中神经元之间的连接权重，W_{ho} 为隐藏层与输出层之间神经元的相连权重，b_y 和 b_h 均为偏置向量，参数共享的特性也能从公式中看出。RNN 参数更新的训练算法为基于时间的反向传播算法，这目前 RNN 最常用的训练方法，此处不做过多叙述。

5. 长短期记忆网络（LSTM）

长短期记忆网络（Long Short-Term Memory models , LSTM）[16] 是 RNN 的变体，RNN 被设计用来处理整个时间序列信息，对当前信号影响最深的是前一时刻的信号，但是越往后信号的影响程度越弱，并且由于梯度的消失，RNN 只能具有短期记忆，而 LSTM 可以很好地处理时序数据，在 LSTM 中使用 LSTM 单元代替了神经网络结构中的神经元，通过长记忆和短记忆对门的控制，在一定程度上避免了梯度的消失。LSTM 不同于 RNN 在于 LSTM 可以通过信元来确定哪些信息是有用的，向 LSTM 输入消息，然后根据是否与算法的认证匹配来确定要保留或遗忘的信息。在 LSTM 的网络结构中，门的引入使得网络具有聚焦效应。

LSTM 通常包括输入门、遗忘门和输出门。输入门是在“遗忘”部分的状态之后，从当前输入中补充最新的输入，输出门将基于最新状态 C_T，前一时刻输出和当前输入 X_T 确定此时的输出 H_T，LSTM 通过建立门机制来权衡上一时刻和当前时刻输入。LSTM 单元中除了输入门和输出门之外还包括遗忘门，遗忘门是让递归神经网络“遗忘”之前没有使用的信息，控制允许多少信息可以通过。相对于 RNN，LSTM 可以更自然地记住很久以前的输入，并且忘记不重要的信息，可以缓解梯度消失和梯度爆炸的问题。

6. 图神经网络（Graph Neural Networks，GNN）

2005 年，Gori 从神经网络领域的研究中获得灵感，提出了用于处理图结构的神经网络结构——图神经网（Graph Neural Networks，GNN），如图 1.11 所示。经典的深度学习在非欧式空间内的特征提取取得了非常成功的成就，但是对于欧式空间，经典深度学习的表现则并不尽如人意，而 GNN 在有着丰富语义信息的图数据结构中提取信息时有着非常卓越的表现，基本的图结构可以被定义为：$G=\{V, E, A\}$，G 是由数据节点集合 $v_i \in V$、连接节点集合 $e_{ij}=(v_i, v_j) \in E$ 组成，将其映射到高维的特征空间 $f^G \to f^*$ 得到邻接矩阵 $A_{N\times N}$，GNN 的出现则弥足了经典深度学习在图结构特征此类欧式空间内特征提取的不足。图神经网络可被分成五大类：图卷积网络、图注意力网络、图自编码器、图生成网络和图时空网络。GNN 的整体的运作流程如下图所示：

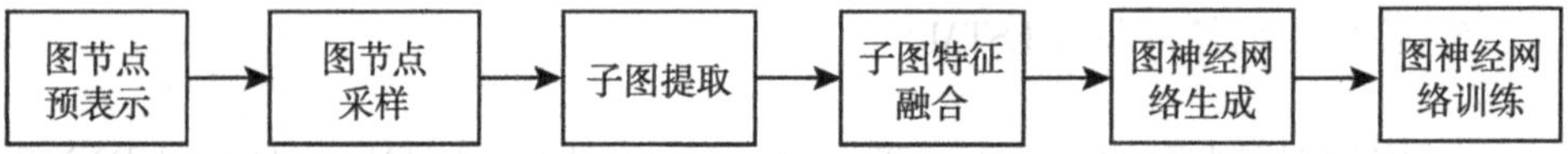

图 1.11　GNN 通用结构

在通过一定方式对图数据结构中的节点表达进行嵌入映射后（图节点预表示），再对正负节点进行采样（图节点采样），采样结束后需要对图中的每个节点以及邻节点构建子图（子图提取），然后对子图进行特征提取后（子图特征融合）进行网络的建模和训练（图神经网络的生成和训练）

7. 自编码器（Auto Encoder）

自编码器（Auto Encoder，AE）是无监督学习算法［17］，于 1986 年被 Rumelhart 提出。自编码器主要由两部分组成：编码器和解码器，其网络结构由输入层，隐藏层和输出层组成，如图 1.12 所示。

自编码器以输入的数据为学习目标，自动提取输入数据中隐含特征并在低维空间中表示来进行表征学习，其中的编码器和解码器实质上都是对数据进行了某种转换，编码器对输入进行压缩降维处理后传入下一层网络，解码器则是重构编码器转化后的数据，使其最大限度还原成原始输入数据。

其中从输入层到隐藏层的映射关系为：

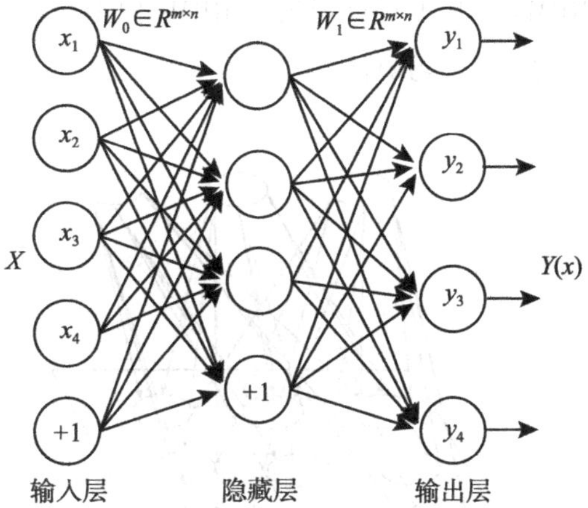

图 1.12　自编码器结构示意图

$$h = \sigma(w_0 x + b_0) \tag{1-61}$$

隐藏层到输出层的映射关系为：

$$y = \sigma(w_1 + b_1) \tag{1-62}$$

损失函数需要最小化 y 与 x 的误差：

$$J(W,\ b) = \sum L(x,\ y) = \sum \ \| y - x \|_2^2 \tag{1-63}$$

其中 w_0、b_0 是编码权重和偏置，w_1、b_1 为解码权重和偏置，σ 是非线性变换函数。与简单的网络结构相对的是自编码器强大的功能，自编码器可用于降维、异常值检测、特征检查器以及深度神经网络的预训练方面。

8. 受限玻尔兹曼机模型（RBM）

受限玻尔兹曼机（Restricted Boltzmann Machine ，RBM）本质上是一种概率无向图，在降维，建模数据分布，分类协同过滤，特征学习等方面中有重要的研究价值，是 Smolensky 在以玻尔兹曼机为基础上经过改进后提出的一种变体，是一种仅有两层的神经网络：由可见层（显性单元）和隐藏层（隐性单元）构成，且在 RBM 中仅能在显性单元和隐性单元之间产生映射关系，在内部单元之间不存在连接，如图 1.13 所示。受限玻尔兹曼机的训练方式有 PCD 算法和 FPCD 算法，平均场算法、对比散度算法，基于追踪分配函数的变分推断法以及基于 Wasserstein 距离的 RBMs 和基于对抗损失的 RBMs 模型算法 [18]，主要使用的算法为基于对比散度的快速学习算法。

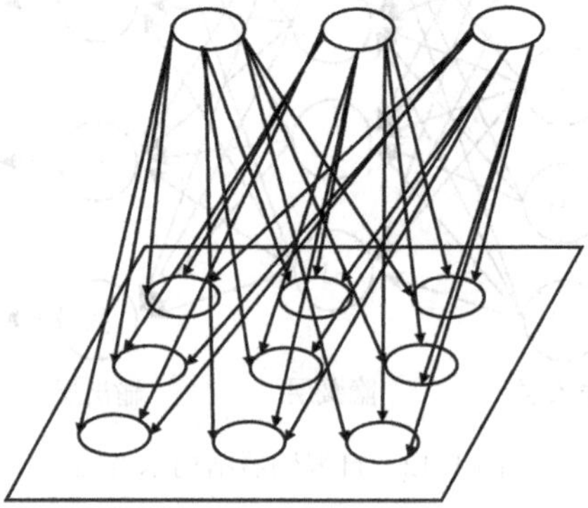

图 1.13　受限玻尔兹曼机示意图

RBM 由于良好的性能而受到了广泛关注，它有着良好的数学特性，经常被用作深度神经网络的结构单元，随着研究的深入现如今已有着众多的改进网络，深度信念网络（Deep Belief Network , DBN）就是在 RBM 的基础上通过将多个 RBM 通过堆叠方式来构建网络，在训练过程中，分层使用监督贪婪方法对 RBM 进行预训练，在一定程度上提升了学习性能。RBM 在深度学习中一直有着十分重要的地位。

9. 生成对抗网络（Generative Adversarial Network, GAN）

生成性对抗网络 Generative Adversarial Network, GAN）[19] 是 Goodfellow 等人从博弈论中获得灵感而提出的神经网络模型，和传统神经网络相比，GAN 通过判别模型来指导生成模型的训练，因此该模型由 generator（G）网络和 discriminator（D）两个模块构成，D 相当于一个二分类器，用于对输入数据的来源进行判断——是生成数据还是真实数据，该网络的输出结果为输入数据是来自真实数据的概率，G 用于捕捉输入数据的分布情况。G 能通过变换随机噪声合成与训练数据集中的样本相似的样本，D 可以区分数据样本和合成样本，我们可以训

练 G 生成合成样本，使 D 相信它们是真实的数据样本，训练 D 进行准确预测。GAN 网络结构如图 1.14 所示。

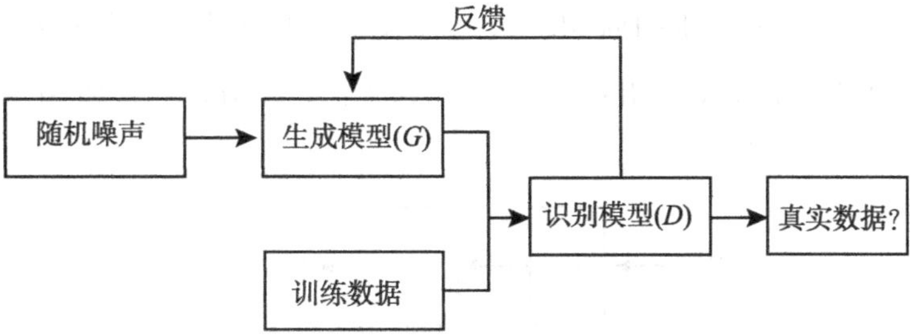

图 1.14 生成对抗网络结构图

定义 $q(x)$ 代表数据的边缘分布，$q(x)=\int p(z)p(x\mid z)dz$ 表示模型的边缘分布，GAN 模型的核心公式为：

$$\min_G \max_D V(D, G)=E_{q(x)}[\log(D(x))]+E_{p(z)}[\log(1-D(G(z)))]$$
$$=\int q(x)\log(D(x))dx \tag{1-64}$$

其中 z 表示输入到 G 中的噪声，$G(z)$ 表示由 G 生成的样本，$D(\cdot)$ 表示 D 确定样本是否为真的概率。在训练过程中，G 的目标是生成尽可能多的真实样本以欺骗 D，D 的目标是将 G 生成的样本与真实样本分离。因此，生成器 G 和鉴别器 D 构成了一个动态的“对抗游戏”。

我们可以最小化 $D(x)=q(x)/(q(x)+p(x))$，这相当于数据边缘分布和模型边缘分布之间的差异也被最小化，随着训练的继续，生成器 G 生成的样本与真实样本越来越相似。

10. 注意力机制（Attention Mechanism）

注意力机制（Attention Mechanism，AM）[20] 是 Gelade 和 Treisman 通过对人脑注意力运行机制的模拟而提出的模型，例如我们在看图片时会更加关注图片的主体部分，对于其他不相关的部分将倾向于被忽视，注意力机制在神经网络领域中有着大量应用，它能够在对模型的复杂程度没有过多改变的情况下增加模型的表达能力，是计算机视觉、自然语言处理以及语音识别研究领域的重要组成成分。

注意力机制通过建模对注意力的概率进行计算来突出影响某个因素对整体模型的影响，它是在 Encoder-Decoder 框架的基础做出改进，解决了传统 Encoder-Decoder 框架对于输入数据的区分度丢失的问题，其结构如图 1.15 所示。

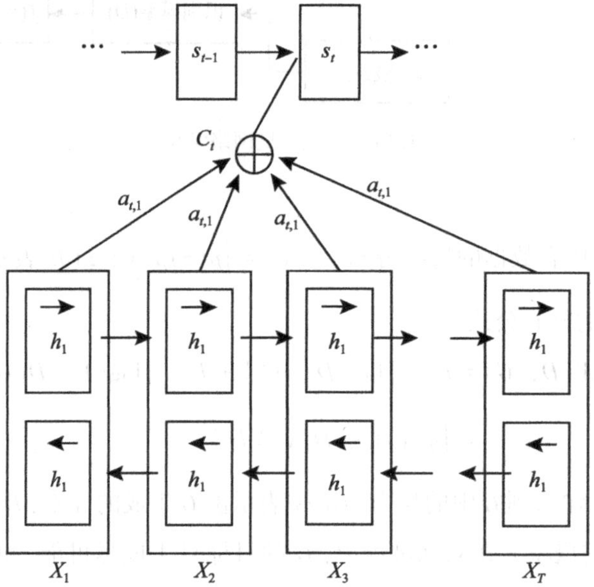

图 1.15　注意力机制结构

其中 S_{t-1} 是 Decoder 端在 $t-1$ 时刻的隐状态，y_t 是目标词，C_t 是上下文向量，在注意力机制中 t 时刻隐状态为 $s_t=f(s_t,\ y_{t-1},\ C_t)$，$C_t$ 的形成需要通过将输入数据传入编码端进行隐层表示，再经过加权处理后表示为：$c_t=\Sigma_{j=1}^{T} a_{t_1,\ j} h_j$，其中 h_j 代表着 Encoder 端第 j 个词的隐向量，是对该词进行影响加权后整体序列输入信息，$a_{t,\ j}$ 代表的则是 Encoder 第 j 个词对 Decoder 第 t 个词加权数值，现实意义为 Encoder 第 j 个词对 Decoder 第 t 个词的影响程度。

计算公式如下：

$$a_{t,j}=\frac{epx(a_{t,j})}{\sum_{j=1}^{T}epx(a_{t,j})} \tag{1-65}$$

$$a_{t,j}=a(S_{t-1},\ h_j) \tag{1-66}$$

1.7 机器学习的应用途径

近年来互联网行业发展势头迅猛，计算机和信息等技术的应用逐渐渗入社会的各个领域，尤其是各种信息系统的建立，产生了大量的相关数据，与之对应，快速发展的计算机硬件亦能够承担大量的数据运算，相关大数据的软件发展也能满足相应的运算环境要求，加上学术界的研究积累，这些因素推动了机器学习的研究与应用的快速发展。

现如今机器学习在工业界的落地应用已经有了非常多的重要成果，取得了相当大的成功，对于"自动驾驶""智能家居""人脸识别""文字提取""语音识别"等名词，大众也是耳熟能详，机器学习的应用正在渗入人们生活的方方面面：在医疗领域，机器学习算法可以辅助相关疾病的预测与分析、医学影像的分类与检测以及医疗数据共享等；在商业领域，电商平台对于商品的情感分析、市场上对客户的细分方法、个性化的广告推荐以及对客户流失预警的背后都有着机器学习算法的应用支持；大众媒体领域，机器学习对足球体育新闻的自动生成，微博谣言的检测和新闻中的自动推荐配图等功能的支持，使信息能够更加快捷规范地传播；而在金融领域，机器学习对于征信、资产交易、反欺诈、理财营销等方面都有着极大的帮助；交通领域方面，机器学习在自动驾驶、城市交通情况的预测，自动驾驶识别等应用方面占据了重要地位；机器学习也在机器制造业中的预测维修、表面质量检测、车间生成流程优化、安全帽配搭检测方面有着极大的作用。

1.8 本章小结

机器学习是一门通过一定计算方法从数据中获取经验做出准确预测或者提高

性能的一门学科，通过对人类行为模式的模拟来赋予机器一定的“学习能力”，相对于传统的人工程序解决问题的方式，机器学习有着更优良的性能，能够更完美地解决一些复杂问题。而机器学习的发展也可以追溯到 20 世纪 50 年代，从“浅层学习”到“深度学习”，从起初的 Logic Theorist 到现如今的 AlphaGo，机器学习的发展离不开众多的研究人员对该领域的贡献，经过近 70 年的发展，经过不断地优化、改进和拓展，机器学习领域的内容越来越丰富，研究领域的分支越来越宽泛，其性能也在不断地优化迭代，形成了目前百花齐放的繁荣场面，机器学习领域的研究也从萌芽状态发展成了参天大树。

数据收集、数据准备、模型选择与训练、模型评估、参数调节和模型预测是机器学习运行过程中的六个阶段。数据在机器学习中占据着非常重要的地位，是机器学习模型实现高性能的重要前提，决定着机器学习的上限，数据收集和数据准备都是以得到高质量数据为目标、以数据为操作对象的运作流程。模型也是机器学习中的核心组成部分，一个合适的模型对于机器学习的整体性能表现至关重要，因此在选择了相应的模型并进行训练后需要对模型进行性能评估，选择最优模型后对最优模型进行参数调优，选择相应的最优参数进行建模，最后可用该模型对“新数据”做出预测。

机器学习可被分成四类：有监督学习、无监督学习、半监督学习和强化学习。训练数据是否为标签数据是区分有监督学习和无监督学习的条件，半监督学习是二者的折中，利用有监督学习来引导无监督训练，强化学习则是一类从决策中获得反馈并实时调整的学习算法。四类方法各有优缺点，具体使用场景需要根据该场景特点来选择相应的算法。此外，机器学习还能分为传统机器学习和深度学习，传统的机器学习算法大部分为基于统计的模型，本章中简要介绍了线性回归、逻辑回归、朴素贝叶斯、决策树、K-近邻算法、支持向量机、k-均值、聚类、层次聚类、主成分分析、独立成分分析、生成式方法、半监督支持向量机、协同训练、Q-学习、Sarsa 等传统机器学习算法。传统机器学习曾在一定时期内占据了机器学习领域的大部分江山，但是随着时代的发展，基于统计的机器学习模型也开始显露弊端，深度学习逐渐登上机器学习的舞台并大放异彩。到目前为止深度学习已经成了最热门的研究领域之一，文章对包括多层感知机，反向传播算法、卷积神经网络、循环神经网络、长短期记忆、图神经网络、自编码器、受限玻尔兹曼机、生成对抗网络和 Transformer 在内的深度学习算法做出了简要概述。无论是浅层学习还是深度学习，在学术界和工业都取得了众多成果，机器学习领域的研究吸引了越来越多的科研人员，机器学习的队伍在持续地壮大，同时机器学习在金融、医疗、商业、制造业、大众媒体、医疗等领域都有着广泛的应用，机器学习领域的发展潜力远不止于此。

第 2 章　机器学习在金融领域的应用

【内容提示】本章将介绍一些机器学习技术在金融领域的应用。笔者将金融领域的五个案例分为五个小节进行介绍，从基于图神经网络的金融征信研究到 LSTM 应用于金融资产交易，从基于 Seq2Seq 的金融客服机器人到基于集成学习的金融反欺诈模型，最后又讲到基于协同过滤的个性化推荐在金融理财营销中的应用，使读者能够从一个个案例中切实体会到将机器学习技术应用于金融领域具有广阔的前景。

2.1　机器学习在金融领域的应用概述

随着科技的飞速发展，每个人的日常生活都离不开金融，它成为了人们生活的基本必需品，因为人们需要用金钱来进行饮食、旅行和商品上的交易。如今，机器学习被广泛应用于人们的日常财务生活中，无论是从信用征信到贷款审批，还是从资产管理到风险评估，机器学习技术都有着非常重要的作用。在金融市场上，人与机器开始进行合作的同时，也有一些人正在探索做非法的事情，比如拖欠贷款，挪用其他账户中的存款以及伪造虚假信用评级等，所以在金融领域，急需一项安全可靠的科学技术来解决这些问题，企业和商家们也可以利用机器学习技术来更快地做出精准客观的决策，另外当所处环境发生变化时，机器学习技术也可以快速进行学习，不断更新自己来适应环境。总之，与传统方法相比，将机器学习技术应用于金融领域具有以下显著优势：

(1) 数据的可靠性：银行、投资公司和股票市场每天都有海量高额的交易，这就要求我们不得不信任处理该事件的公司或个人，所以在处理金融问题时，建立一个评估个人信用的评级系统是至关重要的。然而，由于人性中无法克服的缺陷，总是会有一些人企图在金融交易过程中进行欺诈。对于这些问题，如果在机器中嵌入了机器学习技术来处理请求，便可以降低对个人品质的主观评价依赖，用更为客观的方式计算客户的信用度，所评估到的个人信用评分也会更加趋于合理。

(2) 数据处理的高效性：众所周知，在股票市场上进行股票交易是非常困难的。当然，并不排除一些投资者进行随机押注的可能性，但是大多数人还是需要深入分析大量的历史数据，从而预测未来股票可能的趋势，这将需要花费大量的人力、物力、财力，得到的结果也往往难成体系，可以看出，这种股票预测方法是非常耗时的，并且效率低下。但是如果结合机器学习算法，不仅可以准确深入地分析大量的数据集，还能够尽可能迅速地给出精准的预测，从而大大减轻人们在整理和分析大数据时的任务量。

(3) 数据的安全性：随着金融数字化时代的到来，数据安全成为金融行业的重要议题。2021 年 8 月发生的勒索软件 WannaCry 攻击事件为全世界金融企业再次敲响了警钟，一系列安全事故不断地提醒我们这样一个事实：尽管已采取了各种安全技术和方法，但我们仍然受到黑客和网络安全方面的威胁。而应用机器学习技术的话，可以大大提高网络中数据的安全性，因为机器学习技术首先会把数据分为三个以上的类别，然后建立相应的模型，最后再以此预测各种异常情况。

(4) 数据预测的准确性：人们是无法保证一直重复做单一任务的，并且这种重复劳动不仅效率低下，还会产生很多错误，但是机器却可以无限次地重复执行某一任务、不间断地分析处理新数据，然后再自动更新自身的模型来反映最新的趋势，从而能够大大提高数据预测的准确性。另外机器学习算法能够在为人们推荐各种新策略的同时，往往也能够比人类更灵敏地检测到某些微妙的模式波动，从而迅速识别出金融交易中的欺诈。

可见将机器学习的方法应用于金融领域，具有成本低、耗时短、误报率低的特点，非常适用于金融行业。接下来，在本章中，笔者将带领读者一起了解机器学习领域的几个不同的算法，并结合相应的案例，了解它们在金融领域的特定应用场景中发挥了怎样的优势作用。

2.2 基于图神经网络的金融征信研究

2.2.1 传统金融征信存在的问题

所谓金融征信是指具有金融特征的信用调查，而传统金融信用调查的来源是中国人民银行信用调查管理局在消费贷款、抵押以及信用卡等领域收集的信用调查资料，而其中的信用卡消费记录是最重要的数据信用来源。也就是说传统的金融信用调查经常会使用过去的消费信用记录来判断当前甚至未来的信用状况，但是如果仅仅凭借人民银行在交易、借贷以及资产等领域所积累的征信数据，很容易出现数据缺失以及数据获取困难等问题，同时也会反映出不仅整个金融市场的服务是不完善的，还有金融信贷服务供应不足的问题。

传统的金融征信机构非常注重对用户信用评估的指标情况，所以它会经常深入调查研究用户的各项信用指标，从而提高对用户信用评估的准确率。但是现在的金融借贷平台以及征信机构无法做到像中央银行的征信中心一样——完全掌握用户的个人信息情况，另外由于各种原因，约 60%的小微用户无法在信贷机构进行贷款，所以这些小微用户是没有任何信息存在于银行的征信数据记录中的，那么银行将无法为这些用户服务，即使有小微用户曾在银行办理过金融借贷业务，但是银行仅仅依靠这些自身所积累的数据根本无法很好地评估小微用户的信用情况，并且有时用户出于安全与隐私的考虑，金融借贷平台将很难获得真实有效的用户信息。

目前我国的信用体系尚未完全建立，存在着一些低水平的监管政策制度，不仅共享信息建设不完善、数据处理能力不足，还存在着数据资产的权益分配不均衡以及产品设计灵活性有限等问题。可见，当前传统的金融信用体系限制了数据共享、数据应用和数据隐私保护，迫切需要将新的科学技术应用于传统金融信贷体系进行转型升级，以适应大数据时代下，建立一个具有互联网金融发展需要的征信体系。

2.2.2 应用图神经网络的意义

在上一小节中，笔者介绍了金融征信的概念，并分析了传统金融征信存在的问题，迫切需要将新的科学技术应用于传统金融信贷体系进行转型升级，近年来，图神经网络被广泛应用于物理系统、生命科学、社交网络、知识图谱、推荐系统、交通预测以及金融风险控制等领域，可见，对图神经网络的研究和应用不断深化，其中在工业领域，图神经网络还可以对桥梁的损伤程度进行统计模式识别，所谓统计模式识别，即它智能地进行层层的学习，然后再进行自动特征提取和区分，从而更加精准地识别桥梁有哪些位置受到损伤以及相应的损伤程度。

图神经网络与传统的深度学习相比，它具有更大的研究拓展空间，相对于推荐系统以及知识图谱等这些大规模的系统性应用来说，它不仅具有可强化性和可迁移性的特点，还具有动态任务的泛化能力，从而能够有效地实现图神经网络与深度学习的关联，也能够更加高效地利用图形结构化数据。

将图神经网络模型应用于金融领域的个人信用评价，首先以复杂网络的结构特征作为分析变量，然后再将网络输出的特征值进行局部和全局特征归纳，便可以提高用户特征分析的维度，从而也能够更好地描述真实数据分布的情况，最终建立一个较新的个人征信评价模型。

2.2.3 图神经网络的应用方法

尽管笔者在上一小节中说明了图神经网络模型应用于金融征信的优势，但其同样也存在着一些不足。当前，在金融征信以及信用评价的领域，使用神经网络的方法进行评估是非常普遍的。许多学者为了提高评估的准确性，也开始将统计学习方法与机器学习算法相结合。例如：Long 等［21］将随机森林与逻辑回归方法相结合创建了 RF-Logistic 模型，该模型与单一的机器学习模型相比，它能够有效提高算法的精度，所以将其应用于信贷风险评估的研究中，此外，BP 神经网络模型也被广泛应用于金融征信评估的信用调查评价中。

在深度学习中，图神经网络模型也就是将神经网络应用在图结构［22］上，它不仅能够解释对象之间那些复杂而深层次的拓扑信息，还能够提取对象之间关键的特征。图神经网络的思想是学习一个映射并优化，然后再利用嵌入空间中的几何关系反映出原始图的结构，另外图神经网络模型允许创建一个端到端的机器学习模型，不仅可以被训练来学习图结构化数据的表示以及在其上拟合预测模型，还可以应用于从聚类到对图数据进行分类以及在节点或图级别学习表示的任务。

2.2.4　具体案例分析

通过查阅资料，笔者发现，在过去时间里，很多企业机构都有过将图神经网络模型应用于金融征信的案例，事实也证明，在金融领域，对客户构建一个金融征信体系是具有指导性意义的。随着科技的发展，在当今这个时代，每个人的信用情况都是清楚透明的，特别是两个经常有交易的用户，那么他们的信用是一定有关系的。本案例基于 P2P 借贷平台的 756100 条用户历史交易记录数据，首先结合用户与周边关系节点进行网络化建模，然后再引入图神经网络模型，最后提出了一种个人征信评估模型。

1. 模型思路

P2P 借贷交易是小额借贷，并且它能够频繁进行交易，用户覆盖范围也是相当广泛，将其历史交易数据记录用来构建用户特征具有可行性。本例构建的征信模型结构如图 2.1 所示。

2. 算法流程

（1）模型输入及标签选取。依据每个用户的历史借贷记录，为用户添加是否违约的标签，本案例选取了 P2P 借贷平台在 2016 年 3 月 1 日到 2017 年 4 月 1 日期间的交易数据记录，然后构建借贷网络以及是否违约的标签。

（2）特征提取算法。本例需要提取借贷与网络这两种数据特征，其中借贷特征是基于输入的原始交易，如借款次数、累计逾期天数、平均年利率、累计本金、历史逾期状况和逾期率；网络特征的提取有度中心性、特征向量中心性以及介数中心性等，它是基于复杂的网络分析的。

（3）图神经网络模型的选取。本书采用了改进的一阶图卷积神经网络模型，并且在借贷网络上使用半监督的方法对用户节点进行分类。

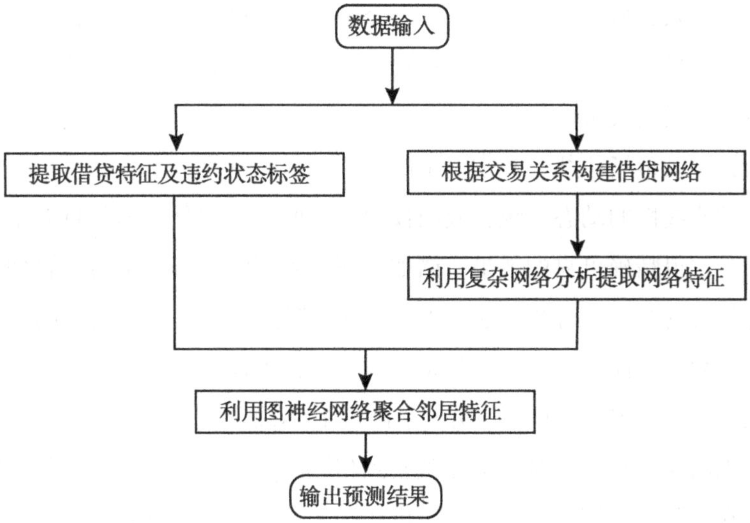

图 2.1　个人征信模型结构

在互联网金融中，P2P 借贷平台的历史交易数据记录被广泛应用于用户个人征信评估的问题，本案例使用图神经网络算法构建的征信评估模型，对客户构建金融征信体系，不仅能够真正做到降低时间以及人员成本，大大提高效率，还能够大大提高金融领域中各大企业的经济效益。

2.3　LSTM 应用于金融资产交易

2.3.1　传统的金融资产交易存在的问题

在世界各国经济的发展中，金融活动的影响占据着主要的地位，因为金融市场在现代社会组织中扮演了重要的角色［23］。信息在金融市场中是非常有价值的资产，比如一个投资者投资是否能够成功，往往取决于该投资者在做交易决策前所获取到的信息的质量，当然一个投资者能够以多快的速度做出投资决策也是很重要的，可盈利的投资策略制定以及精确而又有效的金融数据分析对投资者降低投资风险是非常重要的。但是随着科技的发展，各种大量的信息开始涌现出来，面对这些海量的金融数据，投资者不仅需要对金融市场中各种金融产品的历史数据进行深入分析，还需要研究影响金融产品价格的一些市场特征和属性，从而了解金融市场的运动规律，并且挖掘出各种金融产品的波动规律，最终达到帮助投资者进行投资决策的目的。

然而，金融市场往往是非常复杂的，它可以被看作一个容易受到各种不确定因素影响的非线性的动态系统，故而仅通过获取到的部分数据信息对金融业务进行分析很难取得精确可靠的效果。诸如时间序列回归、指数平滑、自回归积分滑动平均等传统的统计学分析方法［24］，通常都会假定由一个线性的过程来生成目标时间序列，然而金融时间序列是非线性的，不仅包含了大量的噪声，还具有非常高的波动性［25］，由此呈现出了高度的不确定性［26］。所以针对金融时间序列，无法保证在任一时刻都能观察到相同的特征与属性，可见传统的统计学分析方法在实际的运用中很难对金融市场的运动趋势进行有效的预测。

2. 3. 2　应用 LSTM 的意义

在上一小节中，笔者分析了传统的金融资产交易存在的问题，在多因素影响下的股票运动趋势难以预测，交易的实时性和动态性也难以满足，而机器学习的应用改变了这一状况。近年来，数据挖掘技术以及机器学习方法发展迅速，被广泛应用于金融领域的同时，也对金融监管机构以及金融市场产生了重要的影响，为了更好地帮助金融投资者进行资产交易，可以将 LSTM 神经网络预测模型应用于金融数据分析上，这种结合深度学习的方法来深入分析金融数据，不仅可以挖掘出隐藏在金融数据中的规律性特征，还可以在算法交易中模拟出真实交易中存在的滑点现象，验证模型的鲁棒性。

机器学习方法利用股票的历史数据，通过向量机和决策树等线性模型来监督和学习金融资产的预期回报。然而，金融时间序列具有高频干扰、中频波动和长期趋势等特点，因此引入 LSTM，它能够改进传统的循环神经网络模型中的记忆模块，并且它避免了由于连续输入数据的影响，导致有效的历史信息不能长期保存的问题。

与传统的神经网络模型相比，LSTM 不仅具有更强的时间序列和信息选择的学习能力，还具有高度的非线性运算操作和映射能力。它能够提取深度特征，屏蔽远程信息对当前状态的影响，从而有效地解决了时间序列长期依赖的问题。因此，基于深度学习的 LSTM 神经网络预测模型更适合用于金融资产的预测分析，并且具有较高的预测精度。

2.3.3 LSTM 的应用方法

笔者在上一小节中说明了 LSTM 应用于金融资产交易的优势，另外像支持向量机、人工神经网络、随机森林等也都是基于预测性的金融数据分析方法，近年来，人工神经网络也已经被广泛应用于金融时间序列的建模和预测任务中，例如 Kim 等人［27］将遗传算法（Genetic Algorithms，GA）与人工神经网络相结合，形成了一个预测股价指数的混合模型，其中遗传算法不仅改进了学习算法，还降低了特征空间的复杂度。Hassan 等人［28］提出了一种基于人工神经网络、隐马尔可夫模型和遗传算法的混合模型来预测金融市场，并且实验表明，该混合模型的性能优于单一模型。

PATEL J 等［29］利用人工神经网络、支持向量机、随机森林和朴素贝叶斯模型对印度股票市场的股票和股票价格指数的运动方向进行了预测，并比较了四种模型在两种不同输入下的预测性能。第一种输入方法是使用从股票交易数据中计算出的 10 个技术指标作为输入向量；第二种输入方法是将这些技术指标转换为已确定的趋势数据作为输入向量。实验结果表明，在第一种输入方法中，将 10 个技术指标表示为连续值，随机森林的总体性能优于其他三种预测模型。

针对金融时间序列预测的复杂性和长期依赖性，学界提出了 LSTM 神经网络预测模型，利用 LSTM 神经网络的长期依赖性，可以提高金融时间序列的预测精度，与传统神经网络的预测结果相比，LSTM 神经网络利用股价指数数据，解决了传统神经网络无法记忆和有效利用历史信息的问题。同时，LSTM 神经网络预测模型还可以发现并利用数据之间的交互作用，具有非常高的预测精度。

2.3.4 具体案例分析

通过查阅资料，笔者发现，在过去时间里，很多企业机构都有过 LSTM 应用于金融资产交易的案例，事实也证明，在金融领域，LSTM 应用于金融资产交易是具有指导性意义的。因为 LSTM 善于处理和预测金融时间序列的相关数据，本节将探究 LSTM 在股票市场的应用，进而将 LSTM 应用于对沪深 300 未来五日收益率的预测。LSTM 处理股票序列的一般流程如下：

1. 数据获取与处理

时间序列，通常会以前 t 个时刻的数据信息作为输入，然后以这些数据来预测（t+1）时刻的输出。但是在某一时刻，对于某一股票来说，它将会有若干个特征，所以为了使模型更加精确，需要对数据进行特征选择、去极值以及标准化等操作。本例选择了沪深 300 一个月的数据，并选取其中 6 个特征，然后经过标准化处理后作为输入，输出为未来 5 日的收益，最后再对沪深 300 的数据进行训练与测试。

2. LSTM 模型构建

LSTM 神经网络只是循环层的一种神经网络结构，所以只使用 LSTM 无法完整构建出模型，它还需要 Dense 层以及卷积层等其他神经网络层的配合。本例由于训练数据只有 2500 个，预测数据也就约 500 个，数据较少，所以构建的模型为一层 LSTM 层+三层 Dense 层共四层，相对简单，如图 2. 2 所示。

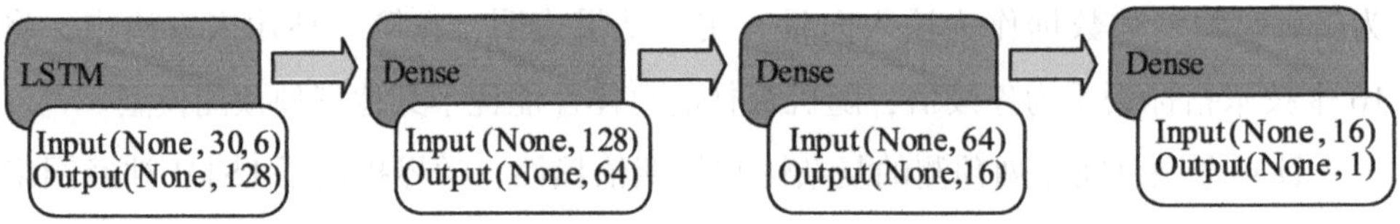

图 2. 2 LSTM 模型构建

3. 回测

本例有两种回测方法，第一种是直接将 LSTM 输出结果作为单一信号，对个股进行回测，另外一种是将 LSTM 的预测结果作为择时信号，然后配合使用其他选股模型进行回测。在本例中，对每个模型进行两次回测，第一次回测是根据 LSTM 预测值直接对沪深 300 做单：若预测值为 1，买入并持有 5 天；为-1 的话，又要分为两种情况，空仓期时则继续空仓，已持有股票的话，则不更新持有天数；第二次回测为以 LSTM 为择时指标，与股票经纪人结合在 3 000 只股票上做单：若预测值为 1，允许股票经纪人根据其排名得分买入股票；同样为-1 的话，仍要分为两种情况，空仓期则继续空仓，已持有股票的话，则禁止买入股票，并且需要在 5 天内结清股票。

本例应用 LSTM 对沪深 300 未来五日收益率进行预测，说明 LSTM 完全可以用在股票市场上，由于 LSTM 更适用于处理个股/指数，因此，将 LSTM 作为择时模型与其他选股模型配合使用效果较好，可以显著改善股票经纪人选股模型的回测表现。

2.4　基于 Seq2Seq 的智能金融客服机器人

2.4.1　传统金融客服存在的问题

近年来金融业客户数量的不断增长，对于客服的需求也在不断增加，由于客户咨询问题的重复性导致客服的工作效率低下、人力成本增加的同时，也严重影响了客服品质的提升。主要表现在以下几个方面：

1. 耗费大量人工成本

有数据显示，各大银行的客服服务需要几千人工来完成，但是在实际运行过程中存在客服人员分工不够明确，工作安排不够合理、管理混乱，客服工作无据可依，某些问题不能被及时解决等问题，这直接导致了人工成本持续增加。

2. 客户体验感不足

随着经济社会的繁荣发展，客户对金融业服务的要求也越来越高，具体表现为服务的即时性、移动性、多渠道性等，但是在传统的金融客服服务中，传统客服无法保证强移动性、高即时性的全天候服务，无法满足新时代对金融客服的要求。

3. 扩展性不足

传统客服无法及时有效地整合用户对话数据，并将其作为业务优化和精准营销的依据。在回答客户的问题时，也无法有效及时准确地解决技术问题。

2.4.2 应用 Seq2Seq 的意义

在上一小节中，笔者分析了传统的金融客服存在的问题，为客户服务的质量也不高，而机器学习的应用改变了这一状况。随着深度学习在文本分析、信息检索、问答系统等技术领域的成熟研究，使聊天机器人在客服、金融、互联网、教育、交通、医疗服务等领域获得广泛的应用。现在的聊天机器人技术研究，主要选用基于深度学习的 Seq2Seq 模型，使机器人对构建的语料库做词向量转换和模型训练，智能聊天机器人技术与传统金融客服服务结合产生智能客服服务系统，将大大降低人工成本，提升客服体验感，从而提高客服服务品质。使用 Seq2Seq 模型构建的金融客服机器人模型，其构建的语料库不仅数量更丰富，还能够增强对话间的关联性。该模型的目标函数也进行了更为准确的优化改进，使模型能够根据用户的问题进行精准索引解决措施，快速解答客户的疑惑，给予用户优质的服务，可以大大提升聊天机器人对中文词向量的训练效果，同时该模型使中文词向量也表达得更为清晰明了。

智能金融客服机器人每天会处理并保存许多的业务数据，应用 Seq2Seq 技术分析这些业务数据，可以更加智能地为客户提供更加准确、有效、及时的服务，智能客服机器人如果配合后台服务器与接口，能够批量、准确地回答客户的提问，Seq2Seq 技术在金融客服机器人的应用将不断扩展提升金融客服领域的服务水平和质量。

2.4.3 Seq2Seq 的应用方法

笔者在上一小节中说明了将 Seq2Seq 应用于智能金融客服机器人的优势，另外像机器学习中的一些分类器，如决策树和贝叶斯分类器等也被广泛应用于在智能金融客服机器人中。在智能客户服务系统中，传统的人工神经网络算法大多是基于正则表达式，难以涵盖各个方面，也不够智能和人性化，所以也就无法获得良好的自然语言处理效果。语言的分析过程中是非常复杂的，首先需要一些对话情境和主题，然后再结合一些常识和词汇，最终生成用户容易理解的自然语言。但是使用深度学习算法可以使这个过程变得不那么复杂，所以本书介绍一种基于 Seq2Seq 模型实现的智能金融客户服务机器人。

基于 Seq2Seq 模型实现智能金融客服机器人的自动化回复系统，可以有效降低人工成本，也尽可能为用户带来实时性的客服体验。在实现时基于三层模型处理，分别通过基于正则表达式的任务式回复、基于特征库匹配的检索式回复以及基于 Seq2Seq 的生成式回复为客户提供精细良好的服务。最后配备上服务器来处理问答需求，运行模型，建立基于安卓 UI 的回复界面以及敏感词转人工客服机制，减少人工客服的处理量，为电商店铺及顾客带来更好的客服体验。

2.4.4 具体案例分析

通过查阅资料，笔者发现，在过去时间里，很多企业机构有过将 Seq2Seq 应用于智能金融客服机器人的案例，事实也证明，在金融领域，将 Seq2Seq 应用于智能金融客服机器人是具有指导性意义的。近年来，随着科技的发展，各大金融机构开始将先进的技术与金融行业相结合，实际打造出一个智能客服系统。下面对各大金融机构所使用的基于 Seq2Seq 的智能客服机器人进行分析。

该系统的总体设计包括商家启动安卓 UI 建立客户服务聊天机器人，后台服务器通过系统界面接收设置信息，获取用户咨询对话信息，并根据对话情况生成回复或传输对话请求。响应生成首先通过基于任务的正则表达式进行意图识别、分类，根据类别直接回复或向客户请求进一步信息；如果正则表达式不匹配，则在过滤后的高质量对话特征数据库中进行问答匹配，搜索特征相似度高的对话进行回复。如果特征数据库中的匹配度较低，则使用 Seq2Seq 模型生成应答，用于解决未知状态的会话［30］。回复生成后，通过服务器传输到系统接口，完成对话的回复。收集对话，采用多轮对话机制。同时，还可以对模型进行更新、改进和评价。智能客服聊天机器人的信息流如图 2.3 所示。

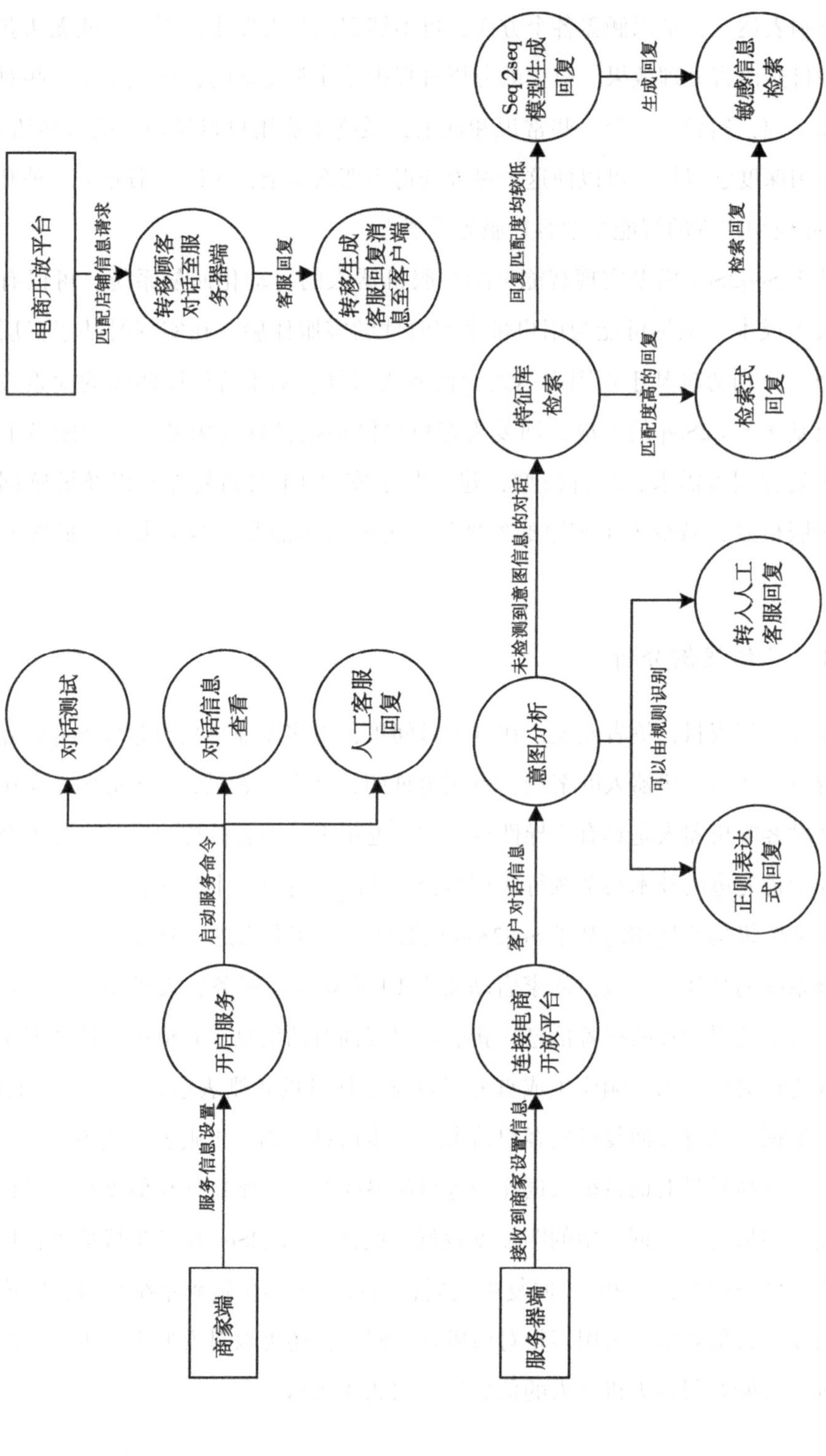

图2.3　整体设计数据流图

1. 安卓 UI 及后台服务器模块

商家使用安卓 UI 界面［31］，目的是设置和测试聊天机器人，连接和启动服务器相关服务。后台服务器接收到请求后，再连接开发人员中心，获取用户咨询对话框。

2. 客服对话生成模块

首先，对数据集进行预处理：调整语言顺序，剔除数据中的非文本部分和单词，停止单词，提取英语文本的类型和词干；然后将基于正则表达式的基于任务的响应、基于特征库匹配的检索响应和生成的响应相结合，可以处理大多数基于用户的场景。Seq2Seq 生成模型的使用不仅可以有效解决那些常规搜索的不足之处，还能够显著降低人工客服的使用频率。

Seq2Seq 模型的 Encoder 端和 Decoder 端均由 LSTM 组成。编码器接收客户句子的词向量序列，LSTM 输出每个时间点的隐含层状态。解码器接受目标句的词向量序列和前一个时间点的隐含层状态，输出目标生成的文本向量。文本和单词向量通过 Word2vec 进行转换。Seq2Seq 生成模型很好地整合了上下文信息并给出了很好的回答，我们使用了一套经过筛选的对话语料库和经过训练的生成模型来进行单轮、多轮对话。为了提高生成模型的输出，我们在训练时的生成任务中使用了计划采样改进的 RNN 模型的误差积累问题［32］；在序列到序列的生成模型中，仅依靠有限长度的状态向量对整个加长源语句进行编码，存在很大的潜在信息丢失，我们增加了注意带外部记忆机制［33］，增强了神经网络的记忆容量，完成复杂序列对序列学习任务；在预测中采用波束搜索启发式图搜索算法，选择当前概率最高的 k 个词，这种算法不仅能够有效地减少空间消耗，还能够大大提升时间效率。

近年来，人机对话因其巨大的学术研究潜力和商业价值而备受关注。对于任务对话，用户提问的方式和过程变化很大，传统的金融客户服务很难处理复杂的对话情况。所以使用特征库匹配检索回复，使用 Seq2Seq 生成模型可以有效地弥补任务对话的缺陷，结合单轮对话或多轮对话的情况，保留更多的上下文意义信息，可以更有效地生成用户回复，在商业上会反映出巨大的价值潜力。

2.5　基于集成学习的金融反欺诈模型

2.5.1　传统的金融反欺诈模型存在的问题

随着科技信息技术的蓬勃发展，人们的生活已经悄然被电子商务、在线客服、在线支付、网上银行等在线业务所影响，科技使人们的生活变得便利的同时，也使得金融欺诈行为变得更加猖獗。借贷业务为金融业的主要业务之一，信用评估作为借贷业务审核的一个重要环节，决定着借贷风险的高低，但是在我国，由于还有大量的人员信用评估体系的建设并不完善，导致了互联网借贷的风险远高于银行的借贷风险，这将给互联网借贷业务的发展带来巨大的挑战。精准快速地评估某一贷款人的信用情况，给金融机构提供一个参考，这不仅可以给贷款者提供便利快捷的服务，也能给金融借贷业务提供安全保障。目前传统的防欺诈研究算法常以规则为基础，难以在新欺诈行为出现时进行有效的防范，为了减少借贷欺诈行为产生的损失，金融机构急需要建立高效的欺诈风险预防机制，图 2.4 是互联网借贷的流程。

图 2.4　互联网借贷流程

由借贷流程可知，客户获得准入许可之后，欺诈预测机制就会及时进入工作，目前欺诈预测常用的方法是第三方征信和建立信用黑名单。其中第三方征信根据信用评估报告的结果决定是否进行相应的借贷业务；黑名单机制是针对那些曾经在该金融平台出现过逾期还款的用户，不再接受他们的借贷申请，被列入黑名单中。虽然第三方征信和黑名单机制能够适当减少一些金融欺诈行为的发生，但是当欺诈者盗用他人信息进行欺诈时，这两种方式很难发挥作用。

2.5.2 应用集成学习的意义

在上一小节中，笔者分析了传统金融反欺诈模型存在的问题，对金融领域的欺诈行为预测的不够准确且效率很低，而机器学习的应用改变了这一状况。随着经济和互联网技术的快速发展，人们出行在外时，更偏重于使用在线交易的支付方式。金融在线交易使用频率增加提高了金融交易量，给金融机构带来了良好的收益，但是其中的欺诈行为也给金融业带来巨大的损失。很多研究学者为了提高检测欺诈行为的效率，尝试将机器学习技术引入欺诈预测系统。在机器学习的算法中，最终需要学习的模型是一个能够在多方面都表现良好的模型，而单一的机器学习算法在实际学习时，却只能获得一个具有某一方面偏好的单个弱模型。所以提出采用集成学习的方法，将多个机器学习的模型组合在一起，这样不仅可以很好地避免出现某单一模型可能在某方面出现的错误时进而对整体模型的影响，还可以大大提升模型的性能。也就是说集成学习能够将多个弱监督模型高效地进行结合，从而获得一个更好的强监督模型。

2.5.3 集成学习的应用方法

笔者在上一小节中说明了将集成学习应用于金融反欺诈模型的优势，可以大大提升预测的性能，近年来，随着机器学习的发展，不仅越来越多的机器学习方法，如随机森林、支持向量机以及朴素贝叶斯等机器学习模型被广泛应用到金融反欺诈领域［34］，还有越来越多的研究者开始关注基于知识图谱的反欺诈技术［35］。但是基于关联图谱的网络借贷欺诈预测方法不仅限制了特征的挖掘效率和深度，还限制了特征的可重用性和可表达性。为了解决这一问题，我们引入了网络嵌入技术，在保留欺诈特征的前提下，将网络中的节点嵌入低维的向量空间，并且利用该向量来表示网络中的结构信息和语义信息，提出了基于周期性时间窗口的网络更新方法和网络嵌入决策批处理方法，以此来提升网络嵌入在精准性和实时性方面的性能。实验表明，网络嵌入技术可以自动有效地学习网络中的隐式关联关系和特征。通过将传统方法和网络嵌入方法相结合的方式，可以显著提高欺诈预测性能。

基于以上背景，我们可以利用集成学习的方法，融合多个机器学习模型，首先需要综合原始数据的多元多维特征，然后再挖掘用户行为的关联特征，并结合模型原理与场景特点分析各模型性能上的差异，最终设计并选择出合适的子机器学习模型，从而构建出一个基于集成学习的金融反欺诈模型，能够给出一种适合借贷反欺诈问题的交叉特征加权的模型集成策略。

2.5.4　具体案例分析

通过查阅资料，笔者发现，在过去时间里，很多企业机构都有过将集成学习应用于金融反欺诈模型的案例，事实也证明，在金融领域，将集成学习应用于金融反欺诈模型是具有指导性意义的。下面是基于某银行的真实在线交易数据，利用多个模型融合的方法，本案例使用的是随机森林，XGBoost 和 CNN 卷积神经网络模型，其中 CNN 卷积神经网络使用图 2.5 中的特征矩阵作为模型的输入，从原始的交易数据中提取特征，并挖掘出用户行为的相关联特征。

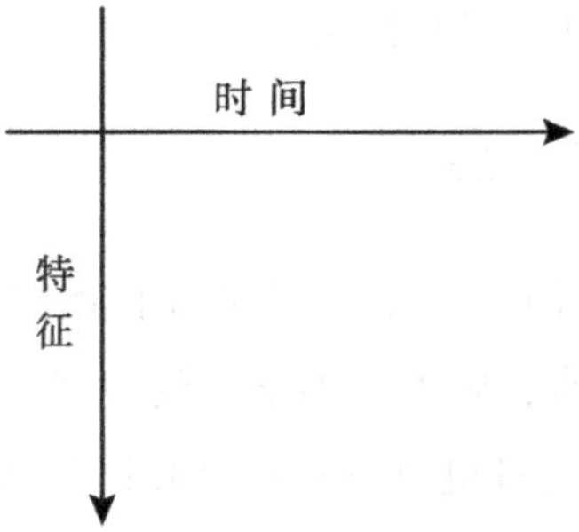

图 2.5　CNN 特征矩阵

1. 离线训练

训练数据被分为两部分，其中一部分是训练基分类器，另一部分是训练多分类器，以用于集成这些基分类器。如图 2.6 所示，说明了系统的离线训练部分。

以 $\{(x_1, y_1), (x_2, y_2), ..., (x_n, y_n)\}$ 作为输入，x_1 代表交易特征，y_1 代表交易标签（0 为合法交易，1 为欺诈交易）。一条交易 (x_i, y_i)，$1 \leqslant i \leqslant n$ 作为输入的一个实例将被重新构造已生成新的多标签输入数据 $\{(x_i, ny_1), (x_i,$

ny_2)，…，(x_i，ny_k)}($1 \leqslant ny \leqslant 18$)，新的标签 ny 代表 18 种不同的逻辑组合。最终使用 XGBoost 来训练集成模型，使用被重构后的新数据作为输入。

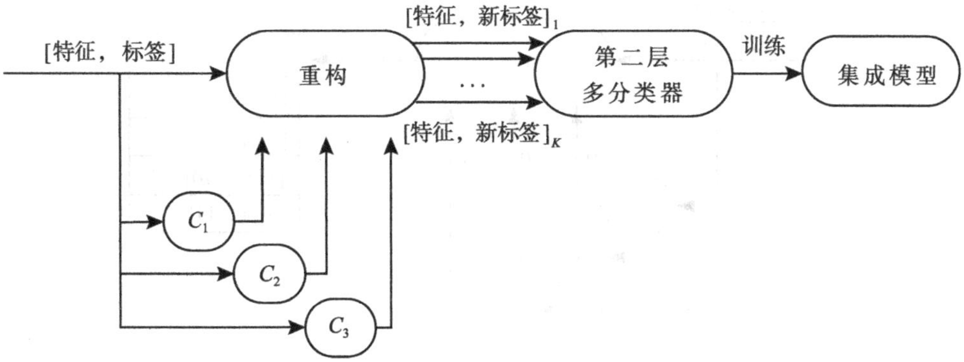

图 2.6　离线训练系统框架

2. 在线测试

本例系统测试框架如图 2.7 所示，使用预先训练过的分类器来生成事务交易类标签，其标签用数值为 1 到 18 来表示组合的类型。

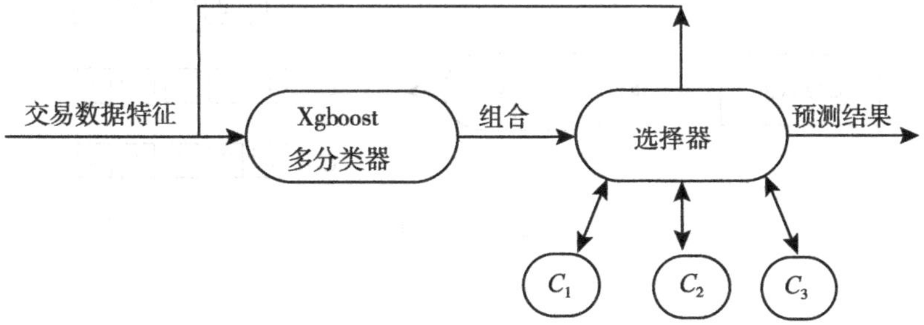

图 2.7　在线测试系统框架

3. 重构训练数据

在训练的第二部分中，将交易数据重构为多个交易数据。对于每个重构的交易数据，保留其特征，但更改其标签。交易数据的新标签为 $ny(1 \leqslant ny \leqslant 18)$，表示三个基本分类器的第 ny 组合可以正确识别此交易数据。示例如图 2.8 所示。

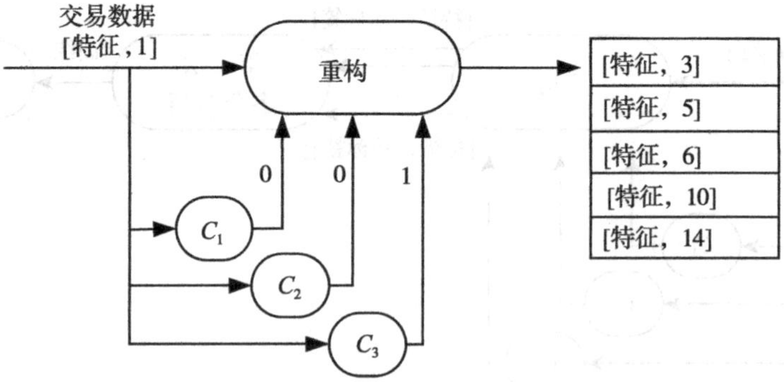

图 2.8　重构训练数据

4. 调度优化

对于实时在线交易欺诈检测系统，时延是一个重要的指标。为了减少系统的运行时间，提出了一种调度优化的方法，详见图 2.9。

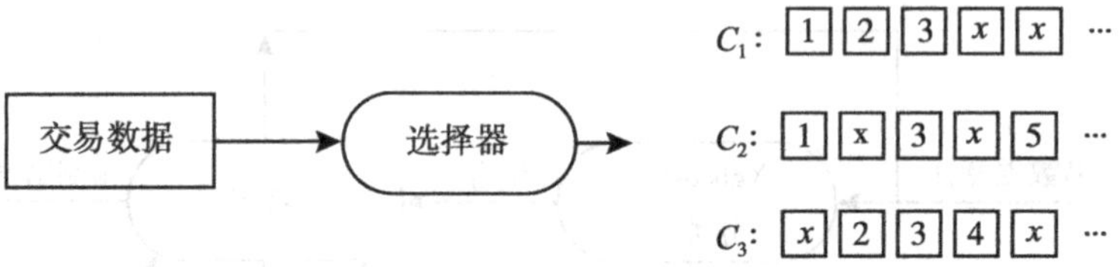

图 2.9　调度优化

首先，通过训练集训练 CNN、随机森林和 XGBoost 这些基分类器，然后，将测试集按照前 3/4 和后 1/4 两部分进行划分，并将基分类器的测试结果作为集成模型训练的基分类器。测试集的后 1/4 是集成模型分类器的测试集，最终从结果来看，可以发现它在真实的金融数据集上运行得非常好，可见集成学习模型优于当前所有的单分类器。

2.6 基于协同过滤的金融理财产品个性化推荐

2.6.1 传统的金融理财营销存在的问题

随着信息技术的高速发展，微信、网上银行系统以及支付宝等支付方式普遍存在于人们日常生活的方方面面，基金、债券和股票等各种理财产品的种类和数量也在急剧增长。金融理财产品的种类多种多样，而对于每一位投资者来说，大家的需求与目标又不一样，可见这使得营销金融理财产品变得异常复杂。

对于每一个投资者来说，选择最有利于自己且最低风险的金融理财产品，不仅要求投资者具有很高的能力，还要求投资者对金融理财产品有着深刻的了解，这对金融理财产品投资者对自己投资能力的把握以及挑选理财产品的能力有着较高的要求。

当前各大金融公司机构也都在不断地推出各类金融理财产品，国内的各大商业银行和金融公司机构会根据市场的需要推出各种具有自身特色服务的个人金融理财产品，例如推出各种类型的信用卡以及消费信贷投资理财产品。同时面对大量的质量和信用评价参差不齐的金融理财产品，投资者可能会需要耗费大量的时间和精力，来挑选出适合自己的且感兴趣的产品。

2.6.2 应用个性化推荐的意义

在上一小节中，笔者分析了传统金融理财营销存在的问题，在海量的金融理财产品中寻找自己感兴趣的产品是非常困难的并且效率低下，而机器学习的应用改变了这一状况。随着科技的发展，越来越多的人们开始将空闲的资产投资到金融理财产品中，特别是即将工作的大学生群体，他们大多会购买一些自己感兴趣且发展前景好的产品，可见，金融理财产品已经不再仅仅是小部分人的消费对象了。众所周知，支付宝是阿里巴巴集团旗下的一款非常火热的 APP，当前人手一部手机的情况下，除了一些老人用的老年机，每部手机上必定装有支付宝，因为它是一款非常强大的 APP，基本可以解决人们日常生活的吃穿住用行。另外支付宝还有一个特别重要的分区，即投资理财，它包括了股票、黄金、养老金、基金以及保险等理财产品，当然除了阿里巴巴外，腾讯也涉足了金融理财产品这一领域，例如理财通就是腾讯的一个官方的理财平台。

当前，各种金融理财产品应有尽有，加之又有那么庞大的消费群体，金融市场变得越来越复杂，仅仅依靠产品经理，是无法满足投资者需求的。而推荐系统它能够使用相应的技术，例如大数据分析技术和协同过滤的策略，从而能够自动化处理海量的产品数据，并结合投资者的个人信息，从而能够为投资者在金融理财产品的选择上提供良好的投资建议，最终也能够为投资者筛选出感兴趣且合适的理财产品。

这种依据投资者的个人特点智能推荐合适金融产品的推荐系统，对比传统的金融理财营销手段，不仅能够减少投资者的选择时间，还能够让投资者更加精准高效地选择出自己满意的金融理财产品。

2.6.3　个性化推荐的应用方法

笔者在上一小节中介绍了基于协同过滤的金融理财产品个性化推荐的优势，近年来，随着科技的快速发展，个性化推荐系统得到了很大的发展，特别是在人们的日常生活中，例如它被广泛应用于社交旅游、教育金融以及资讯等众多领域，发挥了非常大的作用，不仅能够帮助投资者挖掘感兴趣的内容，还能够帮助一些企业机构进行产品的推广。

目前也有越来越多的学者为了能够更好地满足各个领域用户的需求，开始致力于研究如何优化推荐系统的多样性、准确性以及新颖性等指标。推荐系统的推荐流程包括有用户的信息输入、推荐算法和推荐结果，其中，推荐算法是最重要的，它是整个推荐系统的核心。

有了好的推荐算法，整个推荐系统才能更加高效，例如现有的微博关注推荐算法不仅所考虑的因素单一，还没有针对用户进行群体分类，所以王梦佳等人研究了一种结合用户关系和用户互动行为信息的新型关注推荐算法 PTLR，该算法建立了逻辑回归模型，能够同时考虑多种因素进行推荐［36］；何估星等人使用了用户的偏好权重，并结合数据集的流行度，提出了一种协同过滤的个性化推荐方案，能够大大优化基于用户协同过滤的推荐结果［37］；高茂庭等人由于发现了有些推荐算法存在用户评分矩阵维度过高，最终导致计算量过大的问题，为了能够更加准确地描述用户对于物品的真实偏好，他们便开始对用户的评分矩阵、最近邻的选取规则以及预测评分的方法进行预处理操作，减少了计算量的同时也提高了推荐质量［38］；Sundus Ayyaz 等人也提出了一种通过选择最佳邻居的协同过滤算法来向用户提供推荐，该推荐算法获得了较小的推荐误差的同时也提高了推荐质量［39］；FeiyueYe 等人为了解决传统的算法在评分相似性计算以及处理用户评分的稀疏性上存在的问题，提出了一种基于物品相关性和用户兴趣的算法，该算法引入了数据挖掘的关联规则方法，再结合用户的兴趣来衡量用户之间的相似性，从而计算出整个项目的相似性，最终得到更高的推荐精度［40］。

2.6.4 具体案例分析

通过查阅资料，笔者发现，在过去时间里，很多企业机构有过个性化推荐金融理财产品的案例，事实也证明，在金融领域，针对不同的客户个性化推荐金融理财产品是具有指导性意义的。推荐系统的应用是非常广泛的，它广泛存在于各大社交网络平台以及电子商务等众多应用领域［41］，同样将推荐系统应用于金融领域也是至关重要的，它能够为用户精准高效地推荐合适的金融理财产品，从而避免传统理财产品营销的缺陷，实现金融理财产品的个性化推荐服务。

本案例采集的是东方财富网上的数据，然后设计了一种基于协同过滤算法的金融理财产品的推荐系统。它能够结合金融产品的实时情况以及每位投资者的投资需求，智能地为每一位投资者推荐一个合适的金融产品推荐列表，从而投资者们便能够从该推荐列表中更加迅速高效地筛选出满意的金融理财产品，这样一来，不仅能够大大提升投资者的选择能力还可以有效避免投资者盲目进行投资。

对采集的数据进行中心化操作，即首先计算出该用户对所有理财产品打分的平均值 $\overline{X}$，然后再将每位用户对某一理财产品的评分减去 $\overline{X}$。接下来就要计算相似度了，为了减少代码的复杂度，直接采用 Pearson 相关系数来计算。Pearson 相关系数是用于衡量两个向量之间的相关性，它的值介于-1 到 1 之间，相关性越强，其绝对值就会越大；反之相关性越弱，相关系数的值就越接近 0。两个向量 x 和 y 之间的 Pearson 相关性的定义如公式（2-1）所示：

$$P_{XY}=\frac{\sum(x-\bar{x})(y-\bar{y})}{\sqrt{\sum(x-\bar{x})^2\sum(y-\bar{y})^2}} \tag{2-1}$$

该推荐系统最核心的是下面两个推荐算法的实现，以下分别是它们的实现步骤。

1. 每日推荐算法

（1）转换数据格式。首先将数据库中相关的数据取出，然后转成用户产品的二维表形式来表示评分，并用 DataFrame 来存储。

（2）预测评分。首先将所有该用户未评分的相似产品取出，然后再对每个产品求出已评分产品的 Pearson 相似度，最后再对求得的 Pearson 相似度加权，并求和，从而得出预测评分。

（3）Top-N 推荐。依据上面所求出的评分，依次筛选出评分高的前 N 个产品进行推荐。

2. 及时推荐算法

（1）转换数据格式。同样需要先将数据库中的数据取出，然后转成产品用户的二维表形式来表示评分，最后再用 DataFrame 来进行存储。

（2）求相似用户。需要利用 Pearson 相似度，然后求出前 N 个相似用户。

（3）推荐产品。将目标用户中未评分的产品取出，然后再按照评分进行排序，最终取出前 N 项推荐。当前，面对海量的金融理财产品，投资者的选择是多种多样的，为了避免投资者的盲目选择，降低他们所承受的风险，开发了一个金融理财产品的推荐系统，它使用基于协同过滤的推荐算法。即使面对大量的投资用户以及海量的金融理财产品信息，该推荐系统依然能够准确为每位投资者推荐和合适的金融理财产品。

2.7　本章小结

在本章中，笔者向读者介绍了机器学习在金融领域的应用状况，并在每一小节中结合具体的案例介绍了机器学习算法在金融征信、金融资产交易、金融客服机器人、金融反欺诈模型以及金融理财营销方面的应用。从本章所列举的这些案例中，可以很明显地看出，机器学习的应用切切实实地在改变着人类社会的金融模式。当然，机器学习在金融领域的应用远不止于此，笔者也只是介绍了其中很小的一部分，目前在确定银行最佳选址、延长客户对银行服务的依赖以及客户流失预警等方面同样可以看见机器学习的身影。

随着科技的快速发展，机器学习技术广泛应用于各行各业的同时，也取得了很大的进步。在金融领域，机器学习的应用更是十分广泛，将机器学习应用在金融行业，不仅能够降低金融机构的用人成本，还能够大大降低金融机构的运营风险，从而大大提升金融机构的运营效率，具有非常积极的推动作用。

未来，机器学习技术将会变得更加先进，在全球性的数字化背景之下，金融机构的管理者必须具备前瞻性眼光，因为他们需要通过对各种数据进行大量的分析，再结合机器学习技术，最终预测出它们可能在金融行业的应用发展情况。

第3章　机器学习在商业领域的应用

【内容提示】本章将介绍机器学习技术在商业领域的应用。笔者将用商业领域的四个案例分为四个小节进行介绍，从应用聚类中的K-Means算法进行市场客户细分到利用梯度提升机GBM的动态定价模型，从应用AdaBoost进行客户流失预测到基于长短时记忆网络LSTM的商品评论情感分析，使读者从一个个案例中切实体会到机器学习在商业领域蓬勃发展的应用现状和广阔的应用前景。

3.1　机器学习在商业领域的应用概述

为市场客户进行画像，将客户们划分成不同的类型，以针对不同类别的客户采用个性化的市场策略；根据不同的客观环境对商品进行动态定价，使商家制定的价格尽量获得最高的收益；通过客户的特征和行为发现其流失的可能性，并能及时采取挽留措施，以防止企业利益受损；对已售出商品的满意度进行调研，获取反馈信息，以对其质量、价格等做出及时的改进，使其更符合消费者的期望……

在传统的商业活动中，为了实现收益的最大化，这些策略都是企业和商家十分关注的内容。而在机器学习得到广泛应用之前，想要实现这些都需要花费大量的人力、物力和时间，得到的结果也往往难成体系，且很受主观因素的影响，又需要人们花费很多时间整理、筛选数据以找出其中对解决问题有用的部分，然后进行分析，最后才能根据分析的结果进行对应的改进。

随着机器学习技术的不断发展，人们发现，如果能将这项技术应用于这些商业活动中，可以带来巨大的商业利益和时间效益，并且将人们从巨量重复且枯燥的工作中抽离出来。企业和商家可以利用机器学习技术更快地做出更客观、更准确的决策。而每当环境发生变化，机器也可以通过机器学习技术进行快速学习，不断更新自己来适应环境。

将机器学习技术应用于商业领域相较于传统方法有以下几个显著优势：

（1）数据处理的高效性。自人类社会进入网络时代以来，也进入了一个数据爆炸的时代。网络上每秒钟都传播着数以百万亿级的数据量，这些数据除了携带信息以外，不少人也从中嗅到了商业利益的气息。但传统的人力已不足以处理巨量数据，机器学习在其中的重要性不言而喻。

（2）基于数据进行预测的准确性。在商业活动中，不仅要求挖掘和处理巨量数据，更重要的是能通过数据分析其内在的联系，为未来的商业策略作出指引。几十年来，随着机器学习领域的发展和应用需求的发展，也诞生了一系列的机器学习算法和改进算法，在这方面已经取得了较为可观的准确率。

在本章中，笔者将带领读者一起了解机器学习领域的几个不同的算法，并了解它们在商业领域的特定应用场景中发挥了怎样的优势作用。在每小节的最后，笔者还会给出该算法在该应用场景中的具体商业案例。

正如麻省理工斯隆管理学院的教授安德鲁·麦卡菲（Andrew McAfee）和埃里克·布莱恩约弗森（Erik Brynjolfsson）所阐述的那样［42］，“技术进步考验着公司”，“虽然技术创造了选择，但成功取决于人们如何利用这些选择”，唯有成功转型才不会被科技洪流所吞没，合理地运用机器学习技术会让我们的生活更加美好。而对于当今社会商业领域中形形色色的从业者来说，这一点尤为重要。

3.2 基于 K-Means 算法的市场客户细分方法

3.2.1 传统的市场客户细分方法存在的问题

市场细分（Market Segmentation）的概念最早在 1956 年由美国市场学家温德尔·史密斯提出，它旨在按照不同的标准将规模庞大的市场总体划分为若干个具有相同特征的子市场。基于这样的划分，不同的企业就可以根据它们所服务的目标市场来制定不同的产品、价格、营销策略等，从而满足市场需要。市场细分根据不同的理念又产生了两个分支，基于产品的细分和基于客户的细分。本节主要讨论是基于客户的市场细分。

传统的市场客户细分的角度通常是仅仅通过一些普通的特征对客户进行比较泛化的划分，如图 3.1 所示，这些划分方式通常无法真正很好地给客户分类。例如，依据客户所在的地区进行划分，虽然在几十年前，不同地区的人生活习惯不同，这样划分或许可以起到不错的作用，但随着市场全球化、信息化的到来，地区因素对消费习惯差异的影响逐渐减小；又例如，依据客户的年龄阶段进行划分，除非是针对特定年龄段客户销售的产品，否则其同样无法对客户的需要做出很好的判断。

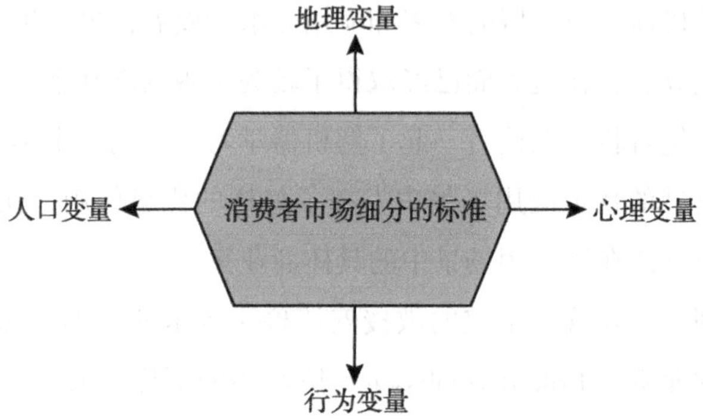

图 3.1　市场细分标准

传统的市场客户细分方法通常也很受人的主观影响，得出的结果难以形成系统，并不太好对相对客观的营销策略作出指引。因为传统获取客户信息的方式需要花费大量人力物力，例如走访调研、发放问卷等，在获取信息的时效性上会有影响；同时在提取关键信息时也容易受到样本选择、受访人语言表述的影响，信息可能会冗杂、无意义或不甚真实，因此难以提取特征来作出准确的划分；此外，人也不是一成不变的，不同的人在不同的阶段可能会有不同的消费偏好，由于传统的客户细分方法很难实现及时性，因此在后续商业活动中，企业或商家针对他们划分的不同人群制定的市场策略也并不一定能发挥出预想的效果。

3.2.2　K-Means 算法应用于市场客户细分的意义

在上一小节中，笔者介绍了市场细分的概念，并分析了传统的市场客户细分方法存在的问题。笔者先前介绍的传统客户细分方法基本上是基于人口统计的细分或是基于生活方式的细分，它们相对来说都不够精确，很难准确预测客户的消费行为。

但市场细分所能带来的商业效应一直吸引着不同领域的学者进行研究，其中十分有名的模型当属美国数据库营销研究所的 Hughes 于 1994 年提出的基于行为细分的 RFM 模型，其中 R 代表最近一次消费（Recency），F 代表消费频率（Frequency），M 代表消费金额（Monetary）。RFM 模型将消费者划分为 8 种类型，如图 3.2 所示。不过在机器学习得到广泛应用之前，这些模型同样也只是在理论上十分有效，实际使用时由于现实因素很难发挥出最好的效果。

对于现实中的客户群体，他们对某种商品的购买欲望通常取决于很多因素，也即多因素共同作用才产生了购买与否的结果，这种基于客户从产品中所追求的不同利益来分类的方法，就是基于利益的市场细分方法。随着机器学习的发展，人们发现，聚类方法能够很好地应用于这一领域。

K-Means 算法便是聚类方法中的一种，是一种基于划分的聚类，其原理笔者在第一章中已经介绍过了，读者可以随时翻阅前文进行回顾。它的优点是算法比较简单，实现比较简便，聚类效果较优，收敛速度也比较快。对于输入数据的多种特征并不需要人为地对它们作出含义解释，而只需要给出类别数 K 的值，算法就会根据数据特征自动将数据集分成 K 个类别。在市场客户细分的应用场景中，人们所希望实现的目标通常是能够通过输入含有多种特征的客户群体来给出类型划分，并且具有良好的时效性，面对不断变化的现实环境能很快更新自己，而 K-Means 算法都能很好地满足企业应用的需要。

需要注意的是，K-Means 算法仅仅只是用于客户市场细分中实现给定数据集的类别划分部分，对于分类之前的数据处理，机器学习同样也有合适的解决方式，但并非本节中应该阐述的内容。

3.2.3 市场客户细分的具体应用方法对比

尽管笔者在上一小节中说明了 K-Means 算法应用于市场客户细分的优势，但其同样也存在着一些不足。首先，K-Means 算法中最关键的点在于聚类中心的数量 K 的选择，而 K 的值与客户的特征有关，因此我们无法提前得到准确的类别

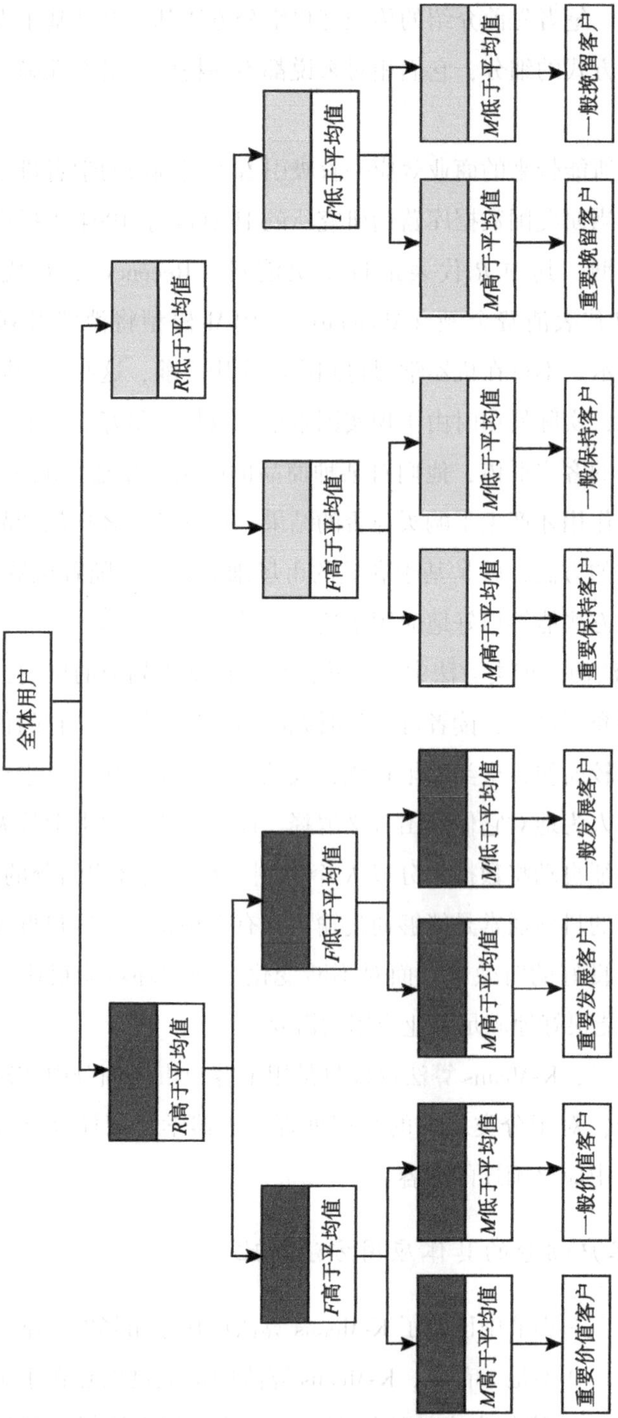
全体用户
R低于平均值
F低于平均值
M低于平均值
一般挽留客户
M高于平均值
重要挽留客户
F高于平均值
M低于平均值
一般保持客户
M高于平均值
重要保持客户
R高于平均值
F低于平均值
M低于平均值
一般发展客户
M高于平均值
重要发展客户
F高于平均值
M低于平均值
一般价值客户
M高于平均值
重要价值客户

图3.2　RFM模型架构

数，所以很多时候还需要先对 K 值在给定范围内进行循环来聚类，然后通过绘制聚类内闵可夫斯基距离（通常选择欧氏距离）与 K 值的曲线来选择合适的 K 值，而这会影响客户细分的效率；其次，K-Means 算法对于非凸数据集会比较难收敛；此外，K-Means 算法对于噪音和离群点也比较敏感。

其实，在机器学习领域中能应用于客户细分的算法远不止 K-Means 算法一个。例如，同为聚类算法的 DBSCAN（Density-Based Spatial Clustering Algorithm with Noise）算法，它作为一种基于密度的聚类方法，就能比较好地处理 K-Means 算法对于非凸数据集难以收敛的问题，并且不是太受噪音和离群点的影响。但 DBSCAN 算法也并非完美，虽然它不需要提供最终划分类别的个数，但却需要人为给出邻域距离阈值和样本个数阈值这两个参数才能进行进一步的计算。对于密度区别很大的簇，它和 K-Means 算法的性能都不够好。对于有重叠部分的簇，K-Means 算法可以区分它们，而 DBSCAN 算法无法区分。对于高维的数据，由于传统的欧几里得密度定义并不能很好地处理它们，DBSCAN 算法的性能也很差。

除了聚类算法，一些树形算法也可以应用于市场客户细分，因为它们通常能够有效处理维度较高且内容复杂的大量数据，对噪音和离群点并不像 K-Means 那样敏感，还可以进行可视化处理，相比一些算法要更直观。例如决策树 C4.5 算法和决策树 CART 算法，它们的优点是建立模型简单且可视化后十分直观，能够处理具有数值型特征和连续特征的样本。缺点是容易过拟合，需要通过剪枝算法减少过拟合的风险。并且由于实际的决策树应用了启发式的贪心算法，因此无法保证建立出来的决策树是全局最优的。而为了改进决策树的缺点，人们又引入了随机森林算法，这种算法具有很高的抗干扰能力和抗过拟合能力，同样在市场客户细分领域有着不错的表现。

除此之外，人工神经网络算法在市场客户细分中也有着很多应用。例如反向传播神经网络（Back Propagation）、自组织映射神经网络（Self-Origanizing Maps）等。人工神经网络在解决客户细分问题中最大的优点就是它们具有高度的自学习、自适应和泛化能力，这些能力保证了对于客户信息的变动或是新客户的加入，神经网络都可以很快地学习和更新，以便对于新数据也能快速分类。

这些方法的简要对比可见表 3.1。

表3.1 **几种算法优缺点对比**

算法		优点	缺点
聚类算法	K-Means	算法简单，实现简便；聚类效果较优，收敛速度较快	需要考虑 K 值的选取；对非凸数据集比较难收敛；对噪音和离群点比较敏感
	DBSCAN	对于非凸数据集也可以收敛；不太受噪音和离群点的影响	需要考虑邻域距离阈值和样本个数阈值的选取；无法区分有重叠部分的簇；难以处理高维数据
树形算法	决策树	模型简单；能够可视化；能处理具有数值型特征和连续特征的样本；能处理高维数据	容易过拟合；存在局部最优的情况，无法保证全局最优
	随机森林	抗干扰能力和抗过拟合能力强；能处理高维数据	在回归问题上表现不够好；运行速率比决策树慢很多；对低维数据效果不够好
人工神经网络算法	BP 神经网络	具有高度的自学习、自组织和泛化能力；具有一定的容错性	存在局部最优的情况，无法保证全局最优；收敛速度慢；样本依赖性高
	SOM 神经网络	便于聚类结果的解释；适合高维数据的可视化	需要预先指定竞争层神经元个数；权向量初始值随机产生，影响收敛速度

3.2.4 工商银行、华夏银行客户细分案例

通过查阅资料，笔者发现，在过去的十几年里，包括工商银行、华夏银行在内的银行等企业都有应用过聚类算法进行市场客户细分，事实也证明，进行市场客户细分对于市场策略的选择是具有指导性意义的。

早在2009年，就有学者对于工商银行网上银行客户细分进行了研究［43］。其应用了模糊聚类分析的方法，将工商银行的客户群体分为高端客户群、中小客

户群和新兴市场客户群，并且通过数据估算出他们对银行各方面的价值。在划分出合理的客户群后，银行就可以根据不同的客户群体的特征偏好和价值取向制定不同的营销策略。例如，对于高端客户群体，由于他们通常最看重安全性和稳定性，工商银行在营销时就更偏向于突出其网上银行的安全性，并为高端客户制定专属的电子银行解决方案和个性化的功能推荐。应用聚类方法提升了客户划分的工作效率，也使后续的个性化营销方案的制定更加顺利。在近几年，工商银行在这方面的应用也越来越成熟。通过对客户基本特征及消费行为特征的深入挖掘进行客户细分，工商银行已基本实现了产品营销的个性化，大幅提升了营销效率。

华夏银行同样也有通过客户细分提升运营效率的案例。华夏银行在 2017 年推出的一款“夜市理财”产品就是面向特定人群的。他们并未对银行的所有客户推送产品广告，而是基于地理特征、消费行为偏好、访问偏好等数据，对客户进行分类，只将这款产品推送给特定类型的用户，从而实现个性化的产品推送。相比客户分类之前，客户购买产品的概率提高了八倍，节省了公司的营销成本。

通过这些案例不难发现，进行市场客户细分，确实使不少企业真正做到了降低时间成本、人员成本，提升销售运营效率，实现了企业价值的高速增长。

3.3 基于 GBM 算法的动态定价策略

3.3.1 传统的定价策略存在的问题

定价策略是市场营销中一个十分关键的组成部分。定价的合理性决定了消费者购买商品的可能性，也决定了商家所获取利润的多少。因此，为产品的定价制定合理的策略，也即动态定价策略，成为众多学者的研究课题。动态定价源自经济学中的价格歧视，即对于不同的消费者，同一件商品采取不同的价格来销售。经济社会的发展使动态定价的内容包含了更多的方面，包括在不同销售周期的相同商品定价不同，随库存变化和市场需求的变化，定价也随之变化等。利用市场需求和产品特性等因素，使用数理模型对产品定价的过程，都属于动态定价的内容。

在产品定价方面，企业需要考虑的因素有很多。例如对于航空机票的定价，就可能同时需要考虑节假日、天气、时段、余票等各种因素的影响。传统的定价方式多为人工估算，而这种模式是很难得到准确合理的定价的，它通常需要人为收集整理数据，然后进行一系列繁琐复杂的分析，才能给出相对合理的定价。

在机器学习广泛应用起来之前，经济学家、心理学家们也提出了各种定价方法［44］。例如基于博弈论的定价方法、基于双边市场理论的定价机制、利益驱动的定价模式、生命周期定价原理等，这些研究通常停留在理论层面，在现实中缺乏一定的可操作性。也有一些具有一定成果的定价方法，例如基于群蜂算法的定价研究。但现有的这些研究主要停留在静态算法的应用上，这种方法具有科学性，但也存在着两个弊端：一是目前网络的应用涉及人们生活的方方面面，许多产品的定价要求实时性，而网络数据错综复杂，静态算法需要较多的数据属性输入，很难满足实时性的要求。二是市场形势不断变化，很多产品和业务也确实处于不断发展和变革的时期，这就要求定价也随之动态变化。

基于这些因素，静态算法已无法满足需求，产品缺乏一种科学、智能的定价模式，急需新技术的出现。

3.3.2　GBM 应用于动态定价策略的意义

从上一小节中可以知道，传统定价策略的困难之处在于，多因素影响下的产品定价各因素的数值难以量化，产品定价的实时性和动态性难以满足。而机器学习的应用改变了这一状况。

机器学习的动态定价架构可以定义为如图 3.3 所示的结构［45］。

对于定价请求，事先训练好的定价模型（通常是基于以往的数据训练的）会给出合理的定价并将其应用于市场环境中，然后基于市场的数据反馈重新利用机器学习方法更新参数。这样的过程能够弥补静态模型的不足，能够针对市场的变化及时更新模型，得到更加合理的定价。

动态定价的主要目的就是基于一系列的特征和因素，给出产品定价，它本质上可以看成机器学习的回归任务。本节标题中所提到的 GBM 即梯度提升机（Gradient Boosting Machines）就是一种集成弱学习模型的机器学习方法［46］。它的思想虽然非常简单，但对于回归任务能够很好地实现。GBM 结合了梯度下降算法和 Boosting 算法的思想，简单地说，就是将梯度下降算法中的损失函数的

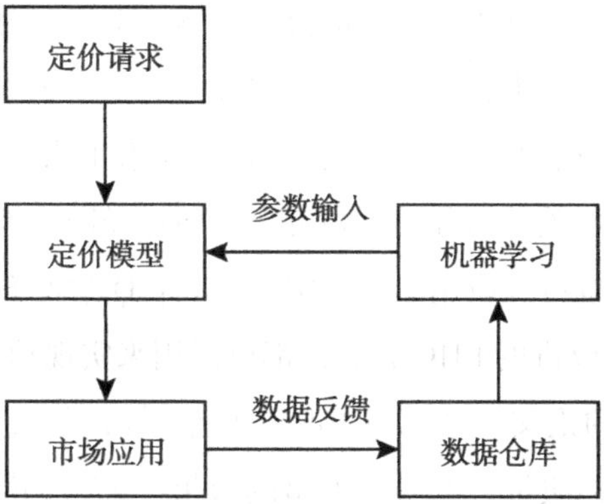

图 3.3 一种机器学习的动态定价架构

负梯度（即负偏导）作为子模型来训练，每一轮更新时就训练一个子模型加到原预测函数中作为更新后的预测函数。它的函数模型为 CART 回归树模型，使用了梯度提升的回归树也就是大名鼎鼎的 GBDT（Gradient Boosting Decision Tree）。

GBM 算法思想作为梯度下降和 Boosting 算法思想的整合，自然也结合了这两种算法的优点。梯度下降算法可以说是现代机器学习的血液，它广泛应用于各种模型的求解，除了上面提到的 GBM 模型，还有线性回归、逻辑回归、人工神经网络等。Boosting 算法是一种最小化损失函数的优化模型，通常是通过贪心算法逐步进行优化的，可以提高任意给定学习算法的准确度。

总地来说，将 GBM 算法应用于动态定价算法可以显著提高定价模型效率，实现静态算法无法做到的实时性，能很好地满足实际应用的需求。

3.3.3 动态定价其他机器学习方法介绍

上一小节介绍的 GBM 算法可以应用于动态定价策略的回归任务中，并且在准确度和算法效率上都很不错。其实机器学习领域在动态定价方面的应用还有很多，下面笔者将简单介绍一些其他的机器学习方法。

对于一些在定价方面不要求太过精确而只需要分成不同档次价格的产品，也可以采用分类方法。例如 Logistic 回归算法、贝叶斯分类算法、分类树算法、支持向量机算法、人工神经网络等。需要注意的是，方法的选择应当基于实际问题来决定，不同的数据规模，不同的特征维度，乃至于不同类型商家或企业对于不同情景的实时性要求，对方法的选取都会有影响。例如，对于基于地理坐标特征的分类，采用 K-Means 聚类算法就十分方便和直观。对于小样本数据且维度较高的分类，就可以选用支持向量机。对于实时性要求不太高，不需要观察学习过程，且具有复杂非线性关系的分类，则可以采用神经网络进行训练。

强化学习的方法也可以应用于动态定价。如：Q 学习方法和各种改进的 Q 学习方法、PHC 算法和改进的 PHC 算法，都可以用来实现动态定价。例如 Han W、LIU L 等人就在他们的论文中就采用了改进的 Q 学习算法，将动态定价问题从多主体决策转变成单主体决策，取得了不错的效果［47］。南京航空航天大学的方园等人则是发现 WoLF-PHC 算法相比 Nash-Q 算法，计算速度明显更快，并且适应能力也更强，将其应用于定价策略中能够显著提升产品收益［48］。

表 3.2 给出了几种算法各自在动态定价中的优势。在实际应用中，可以根据自身需求选择合适的算法。

表 3.2　　**几种算法在动态定价中的优势**

算　　法	优　　势
GBM	高速、高精度
K-Means	适合基于地理特征的数据分类
SVM	适合小样本、高维度的数据分类
ANN	适合复杂、非线性的数据分类
Q-Learning	参数少，可保证收敛
PHC	高速、高适应性

3.3.4　房屋出租平台 Airbnb 动态定价案例

房屋出租平台 Airbnb 就是一个应用了动态定价策略的成功案例［49］。

给 Airbnb 上的不同房源定价是一件十分具有挑战性的事情，因为即使是同一地区的同样大小的房源，价格也可能受到五星级评论的数量等因素的影响。此外，消费者对房屋的需求还会随着季节因素、区域因素而变化。例如寒暑假或节假日时，房屋被预订的概率相比工作日就要高很多，在市区中心地段的房源也比偏远地区或郊区的要抢手很多。时间段也是影响价格的因素，时间越早房源就越充足，消费者的选择就越多，所以如果这时候房间价格超出了消费者的期望，消费者就就可能去寻找其他房间替代，导致房间预订概率降低。

为了帮助房东最大限度地提高收入，Airbnb 的研究员设计了他们的动态定价推荐系统，系统包含三个要素，如图 3.4 所示。预测某一晚某房源被预订概率的二元分类模型，对不同日期或时段给出建议定价的定价策略模型，还有一些应用于策略模型的个性化逻辑，用来满足房东的期望。

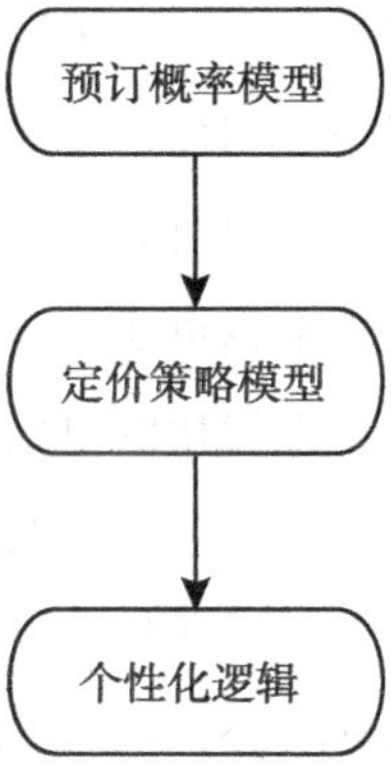

图 3.4　Airbnb 定价系统概览

Airbnb 在预订概率模型中使用了 GBM 模型，并且为不同的市场训练单独的模型，既考虑房源的各种功能，又考虑时间特征和供需特征。由于特征的种类很多，研究员们很难直接通过利润最大化策略获得足够精确的需求曲线，因此他们选择将预订概率模型的输出作为定价策略模型的输入之一，形成了如图 3.4 所示的结构。在定价策略模型中，研究人员采用了价格下降查全率（PDR）和预订反悔率（BR）作为定价策略模型训练的评价指标，PDR 衡量了建议价格与当前价格低的可能性，BR 衡量了建议价格与预订价格的接近程度。

研究人员在 KDD 2018 上的 Airbnb 动态定价论文中指出，他们的这个策略模型已经在 Airbnb 上应用了一年多。策略模型第一代的推出就为采纳了定价建议的房东们带来了收益的提高。模型经过多次迭代后，已被使用并投入生产中，并会根据市场做进一步改进。通过这个案例可以发现，将机器学习应用在动态定价策略中，使定价模型的效率得到提高，也为企业和商家带来了显著的收益。

3.4 应用 AdaBoost 进行客户流失预测

3.4.1 传统的客户流失预测存在的问题

客户流失问题是人们在客户关系管理系统中十分关注的内容，它是指企业目前已有的客户不再购买企业的产品或服务，而选择竞争对手的产品或服务。客户保持则是指预测客户流失的可能性，并及时采取挽留措施。对市场来说，客户仍是一个十分不稳定的群体，客户的变动往往影射着市场的调整，甚至驱动着市场的改变。而企业来说，获取一个新客户所需的成本越来越高，因此保持原有的客户不流失对保持企业的效益也就越来越重要。在很多的行业中，包括传统的银行业、出版业、保险业等，以及更加现代化的电信行业、互联网服务业等，客户保持率相比于公司规模、市场份额、广告宣传以及一些其他竞争因素对公司利润的影响甚至要更大。有数据显示，对于美国的一些行业，如果客户保持率能增加 5%，将给行业的平均利润带来 25%到 85%的增幅［50］。而获取 1 位新客户所需要的成本则是保留 1 位老客户成本的 5 到 6 倍［51］。在 Ernst & Young 2010 风险探测报告中也可以看出，在各种行业风险之中，客户流失风险位于首位。因此，国内外许多学者对客户流失预测问题做了研究。

在最传统的客户挽留中，进行的往往是无目标的、广泛的挽留手段，通常是通过大量投放广告、无差别更新产品或增添产品功能来避免客户流失。例如电视广告的普遍投放、产品或服务统一折扣等。这种方式虽然会有一定的效果，但是对于非目标对象采取与目标对象同样的手段，既使企业花费了不必要的代价，同时由于并未针对客户流失原因对症下药，挽留成功率通常也并不高。

传统的客户流失预测方法主要有数学统计分析技术、聚类算法、贝叶斯分类器等。这些方法虽然在可解释性上很不错，也能够完成固定类别、数据连续的客户流失预测，但它们已经逐渐不能适应目前的市场情况。随着互联网和计算机技术的不断发展，客户数据的结构也越来越复杂，并不只是原来那种连续、线性的结构，数据量也越来越大，而这些方法在处理更高维和非线性的数据上效果并不理想。客户的行为特征和其他属性都可能随时发生变化，而这些方法在泛化能力和灵活性上也不够好。客户的数据集中正常客户和有流失风险的客户数量通常会相差很大，在这种不对称数据集的处理上，传统算法的能力也明显不足。

3.4.2 AdaBoost 应用于客户流失预测的意义

竞争是市场中一个永恒的话题。正如笔者在前文中所说的，客户始终是一个不稳定的群体，要想获得既定的利益，除了保证自己的产品质量，客户的数量也是很关键的因素。而市场中一种产品的目标群体数量通常是一定的，争取新客户相比于留住老客户，需要花费更高的成本。因此，进行客户流失预测对于企业未来的策略部署有着很重要的意义。

而上一小节中笔者也提到，对于具有复杂特征的数据，传统的方法存在着效率不高的问题，无法满足目前企业工作的需要，需要采用更合适的技术。一种基于客户细分的客户流失预测模型可以简要定义为如图 3.5 所示的结构 [52]。

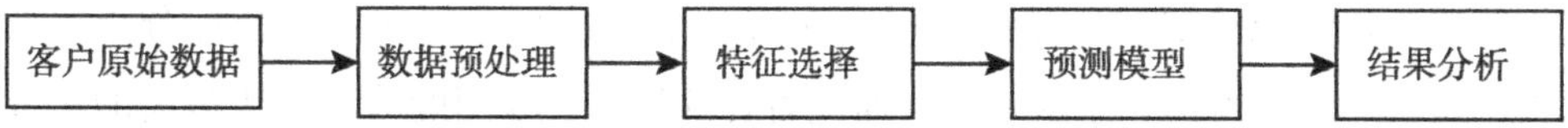

图 3.5　一种基于客户细分的客户流失预测架构

其中，特征选择可采用随机森林算法，而在客户流失预测模型中可以应用 AdaBoost 算法。AdaBoost 同样是一种集成弱分类器来构成强分类器的机器学习方法，它也是 Boosting 算法中最成功的算法之一，在客户流失的预测中能发挥不错的效果。由于 AdaBoost 算法采用的是一种自适应的重采样技术，因此对于它的每个弱分类器都可以分别进行评估。将分类正确的样本权值降低而将分类错误的样本权值提高，这样对于错误分类的样本的学习就会增强，因此它在分类的精度上十分不错。对于企业来说，能更加准确地预测出有流失风险的客户就可以节省更多的成本和时间。

对于数据中正负样本不平衡的问题，AdaBoost 算法的分类精度会有一定程度的下降。如果在模型训练中的精度低于可接受范围，还可以使用 SMOTE

(Synthetic Minority Oversampling Technique) 算法进行辅助。SMOTES 算法通过增加少数类样本的数目以降低数据集的不平衡性。与随机过采样算法不同的是，它并非直接复制少数类样本，而是经过分析合成新的虚拟样本添加到数据集中。因此相比随机过采样，SMOTE 算法不那么容易产生过拟合问题。

值得一提的是，不论是客户流失预测还是客户挽留措施的实施，都是为了保障企业利益，因此还可以在客户流失预测之前先进行客户细分，筛选出企业的中高价值客户，然后对于中高价值客户的流失采取更为有力的挽留措施，能更大程度地提高效益比。

3.4.3　其他机器学习方法客户流失预测效果对比

自机器学习方法应用到客户流失预测问题中以来，还有许多其他优秀的机器学习方法也在客户流失预测中大放异彩。按类别可分为：基于传统统计学的预测方法、基于人工智能的预测方法、基于统计学习理论的预测方法、基于组合分类器的预测方法和基于仿生学算法的预测［53］。笔者将简要介绍其中几种常用的算法。

基于传统统计学的预测方法中，在第一小节已经提到的数学统计分析、聚类、贝叶斯分类器都属于这一类，而笔者在这里想要介绍的算法是决策树的集成学习实现——随机森林。它通过 Bagging 集成学习思想将多个决策树集成起来，通常采用投票最多的值或均值作为最终的输出。随机森林算法速度快，且不会产生过拟合问题。算法精度高，并且对于大量缺失数据仍能维持准确度。同时，它也能做到降低不平衡数据集的误差。

基于人工智能的预测方法主要是依靠经验风险最小化原则，比较有代表性的是自组织映射（SOM）神经网络，这种网络的特点是只有输入层和输出层（竞争层），且这两层是全连接的。SOM 模拟人脑对信号处理的特点，采用竞争学习方式进行训练。它能将高维的输入数据映射到一维和二维，实现高维可视化，但缺点是泛化能力不足，可能产生过拟合问题。

基于统计学习理论的方法代表是支持向量机。支持向量机算法以统计学习理论中的结构风险最小化原则为基础，泛化能力强，同样很适合用于解决传统方法很难解决的高维、非线性问题。但它也同样对于不平衡数据集的效果不够好，可以与平衡数据的算法结合使用。

上一小节提到的 AdaBoost 算法就是基于组合分类器的预测方法中比较成功的一种，故不再额外介绍。而基于仿生学算法的预测方法则是应用了生物学相关理论知识衍生的算法，例如蚁群算法、蜂群算法等，亦不过多介绍。

这些算法的优势对比可简要见表 3.3。客户数据的特征通常比较复杂，而 AdaBoost 由于其可应用不同算法作为弱分类器的特点，在客户流失预测领域就可以发挥其灵活的优势，因而通常能获得不错的训练效果。

表 3.3 **几种算法优势对比**

<table>
<tr><th colspan="2">算法</th><th>优势</th></tr>
<tr><td rowspan="2">基于传统统计学的方法</td><td>随机森林</td><td>算法速度快，精度高；不会过拟合；适合于含大量缺失数据和不平衡的数据集</td></tr>
<tr><td>朴素贝叶斯</td><td>算法简单；对小规模数据分类效率高，对大量数据也仍具有较高速度；适合增量式训练</td></tr>
<tr><td>基于人工智能的方法</td><td>SOM 神经网络</td><td>便于聚类结果的解释；适合高维数据的可视化</td></tr>
<tr><td>基于统计学习理论的方法</td><td>SVM</td><td>泛化能力好；适合处理高维、非线性问题</td></tr>
<tr><td>基于组合分类器的方法</td><td>AdaBoost</td><td>分类精度高；可以应用不同算法作为弱分类器</td></tr>
</table>

3.4.4 携程用户流失概率预测案例

携程是一家在线票务服务公司，但近年来，随着美团、去哪儿等其他票务服务公司的兴起，携程不得不面临用户流失的局面，如何留下老用户成为了携程急需解决的问题。显然，直接对所有用户都采用挽留措施是不现实的，因此如何根据用户过去的行为特征将客户分类，识别出潜在的流失用户，以便提前采取挽留措施成为问题的关键。2016 年，他们就发起了一个客户流失概率预测竞赛，由此可见客户流失预测的重要性。

为此，有不少高校研究者、互联网从业者以及各种社会人士都对这一问题做了研究，应用的方法也不乏随机森林、支持向量机、决策树 C4.5 算法，以及与 AdaBoost 同为 Boosting 系列的 XGBoost 算法等。通过客户流失的预测，大致可以将携程客户流失的影响因素归为以下几种：酒店价格、酒店好评情况、网站访问数、订单数量等。

由此，携程不仅可以通过客户流失预测及时发现有流失风险的客户，还可以基于客户流失预测给出的影响因素，为企业未来的工作做出一些规划，来预防客户流失。例如，做好客户维系工作，保证咨询反馈服务及时到位，完善保证客户权益的制度；做好网站宣传工作，优化客户的网站体验，保证信息的高效准确；对于合作酒店的质量审核到位，做到质量和价格对应；做好客户分类，针对不同用户提供个性化服务，提供不同类型的会员服务等。

由此可见，对于企业来说，进行客户流失预测是市场运营中十分重要的一环；对于消费者而言，客户流失预测也能侧面提高消费体验，对维持市场健康发展有着十分关键的作用。

3.5　LSTM 应用于电商平台商品评价的情感分析

3.5.1　电商平台商品评价情感分析的意义及发展历程

近十几年，随着我国互联网普及率的不断提高，国内的电子商务行业也在快速稳定发展着。国家商务部发布的《中国电子商务报告（2020）》中显示［54］，从 2016 年至 2020 年，中国电商交易的总额从 26.1 万亿元增长到 37.21 万亿元，年均增长率为 9.3%。中国移动电子商务也在快速发展，光是用户规模就已达 7.82 亿人，成为全球规模最大、最具活力的零售市场。如此大规模的电商产业背后不计其数的商品与交易既带来了巨额的利润，也意味着每天都有大量的消费者购买商品并为已经体验的商品写下评价。对于顾客来说，了解其他消费者对于自己目标商品评价的态度倾向，可以为自身的购买行为做出指导，优化购买策略；而对于商家，特别是大品牌商家，如何从巨量商品评价内容中获取有效信息，从而改进产品和服务，增大自身的竞争优势，成为一个亟待解决的问题。

情感分析（Sentiment Analysis）又称倾向性分析，它是指通过对主观性文本内容的分析，来挖掘文本所隐含的情感倾向、褒贬态度和意见。无论是文字、声音还是图像，都可以作为人类情感的载体，而在商品评价领域，需要分析的自然是文本。目前文本情感分析的方法主要包括基于情感知识的分析方法、基于网络的分析方法以及基于语料库的分析方法（即机器学习方法）[55]。

基于情感知识的分析方法主要是利用情感词典或知识库进行情感分类。例如，Neviarouskaya 等人就通过收集博客日记数据，获取到 160 个句子并将它们标注为 9 种情感类别，创建了一个包含修饰词、符号、情感词等的情感数据库，并建立模型进行情感识别，系统在 70%的情况下至少符合 2/3 的人类注释器。[56]。

基于网络的分析方法则主要利用搜索引擎获取统计数据，然后通过词语与正负极性（即积极与消极）词汇的语义关联度来对词语进行情感分类。例如，Turney 基于两种不同的词汇关联统计指标：点态互信息（Pointwise Mutual Information，PMI）和潜在语义分析（Latent Semantic Analysis，LSA）分析词语的正负极性，实验测试了 3596 个单词（包括形容词、副词、名词和动词），其中 1614 个单词被手动标记为正极性词，其余 1982 个单词被标记为负极性词。该方法在全测试集上的准确率为 82.8%，但在允许算法不进行温和词分类的情况下准确率达到 95%以上［57］。

而机器学习领域算法众多，其中最具有代表性也最早研究的是 Pang 等人于 2002 年首次采用了朴素贝叶斯、最大熵分类和支持向量机对电影评论进行情感分析，其中支持向量机效果最好，分类准确率达到 80%［58］。然而，它们在情感分类上的表现都不如传统的基于主题的分类方法。在下一小节中，笔者将介绍一种深度学习的方法，对于商品评价的情感分析，它通常能获得比传统机器学习方法更好的效果。

3.5.2 中文文本情感分析的困难

对于我国电商平台商品的评论而言，需要实现对中文文本的情感分析。尽管目前许多学者在情感分析方面多有研究，但对中文文本的情感分析依旧存在着重重困难，主要表现在以下几点：

（1）中文情感词库资源缺乏。作为英文文本分析中十分出名的情感词典，SentiWordNet 就收录了大量词汇，并且对于它们的主客观、情感类型、情感强度都做了比较全面的标注，而中文的情感词库在这方面就不如英文词库细致，特别是在识别主客观方面做得还不够好。

（2）中文分词的准确性。中文文本与英文文本在情感分析时最大的区别就是中文句子的每个字词之间并没有间隔，如表 3.4 所示。因此，“分词”成为中文情感分析需要解决的第一个问题。但是由于汉语的博大精深，中文分词的准确性始终很难达到完美。例如，若要对于“组合成”三个字分词，机器就既可能将其分为“组合/成”，又可能分为“组/合成”，但在实际的句子中，这三个字通常是一起表示一个意思的。而如果在分词方面做得不够准确，对于后续情感分析的结果也会有影响。

表 3.4　**中英文分词对照**

	原句	分词难度
中文	晚上吃什么？	需要通过词典或词库分词
英文	What’s for dinner?	直接根据空格分开

（3）很多中文词句本身需要联系上下文才能确定其情感态度。例如对于歧义词，很难简单地用一个标记为其定性，例如“好吃”既有着夸赞食物美味的褒义含义，同时又有着说人贪吃的贬义意味；而针对否定词否定范围的分析也会是一个难点，例如“我没有觉得它好”和“我没有觉得它不好”，机器在否定、双重否定句的识别问题上就可能会出现与原意截然不同的分析结果。

（4）中文语境中暗含的反讽对机器来说不好分辨。例如，在某食品的评论下有这样的句子：“真好吃，吃了一口就扔了。”对于人类分析者来说很容易看出其实这句话是包含着“商品难吃”的消极含义的，但机器可能会被“真好吃”所误导，导致判断失误。

（5）特定领域中的特定词句可能会有积极或消极的含义。在商品评论的情感分析中，除了根据基础的中文情感词库对常见词汇进行情感判断，还需要重点关注不同领域的特定说法中所暗含的情感。例如，对于某网购平台电脑商品的评论“成功下车”就表达了自己购买的电脑没有质量问题、是正品的积极情绪，而在现实生活中，“成功下车”则只是用来表述一个事件或状态，并没有特殊情绪含义。

除此之外，随着互联网的发展，各种网络用语、字母缩写层出不穷，也使商品评论的情感分析变得更加困难了。尽管传统的机器学习甚至深度学习都无法完全解决这些问题，但是可以应用深度学习方法做出改善。在下一小节中，笔者将介绍一种深度学习算法，并说明其优势。

3.5.3 LSTM 应用于商品评论情感分析的优势

近几年，深度学习的方法在数据挖掘、计算机视觉等领域都取得了不错的研究成果，为了解决传统机器学习在自然语言处理方面的困境，将深度学习方法应用于该领域也得到了越来越多的关注。深度学习是在人工神经网络研究的基础上采用的深层学习网络，从脑科学、仿生学知识的角度建立一种模拟人脑分析的神经网络来对文本、图像、声音甚至视频等进行处理。而笔者将要介绍的是其中一种算法——长短时记忆（Long Short-Term Memory，LSTM）网络。

LSTM 是循环神经网络（RNN）的一种特殊类型，它具有“记忆时序”的能力，于 1997 年由 Hochreiter 和 Schmidhuber 首次提出［59］。与 RNN 不同的是，传统的串行卷积神经网络（CNN）无法很好地学会连接上下文，而只能解决短期依赖问题，而 RNN 则可以做到将前文与当前场景联系起来，其结构如图 3.6 所示。但传统的 RNN 同样也存在着弊端，主要在于随着网络层数的增多，可能会出现梯度消失或者梯度爆炸。

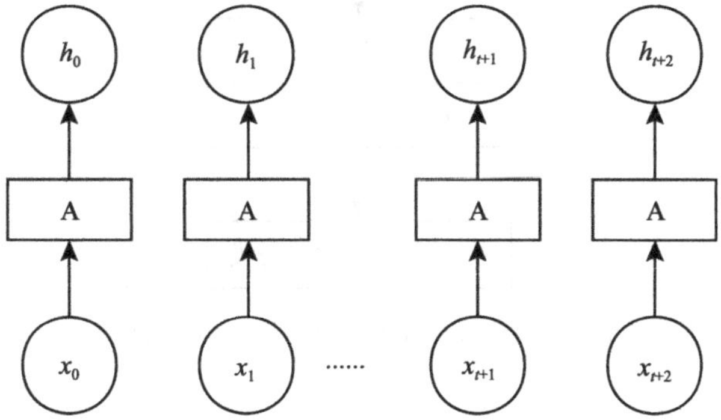

图 3.6 RNN 网络的结构

对于电商平台的商品评论而言，要想准确分析其情感倾向，结合上下文是必不可少的一环。我们前文中所提到的中文的歧义词、否定词限定范围以及语境中的反讽，都不能简单根据当前词语直接判断情感，而需要结合上下文间的联系整体分析。LSTM 用细胞的记忆单元替代 RNN 隐藏层中的结点，并且通过门机制来解决梯度问题，使用输入门、输出门、遗忘门实现记忆和更新长距离信息，能够获取到文本的上下文依赖关系，因此在中文分词方面有着比 RNN 更大的优势。2015 年，Chen X 等人就采用了 LSTM 神经网络构建了一个中文分词模型，该模型在联系上下文方面表现优异，在 PKU、MSRA 和 CTB6 基准数据集上的实验中都取得了很好的分词效果，要优于以往的神经网络模型和最先进的方法［60］。

基于 LSTM 的商品评论情感分析模型结构图如图 3.7 所示。

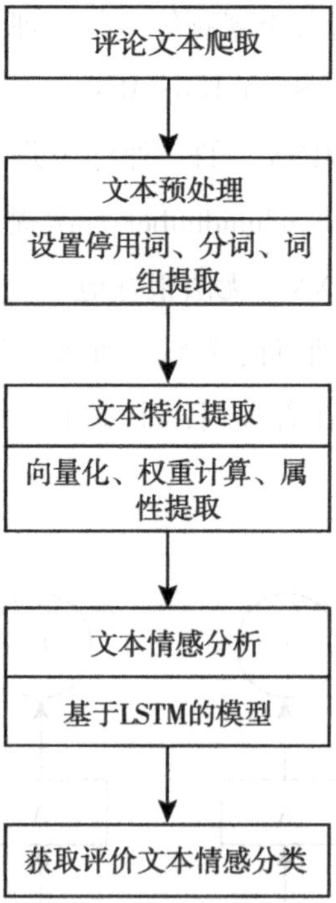

图 3.7　基于 LSTM 的商品评论情感分析模型

首先通过 Python 中的爬虫框架（例如 Scrapy）自动爬取商品评论文本，然后对其进行停用词设置、分词、词组提取等一系列的预处理，再进行向量化、权重计算、属性提取等特征提取手段，最后将得到的结果输入一个已经训练好的基于 LSTM 的情感分析模型，输出得到评论文本的情感分类倾向。

3.5.4 鹅漫 U 品商品评论情感分析应用案例

2018 年 5 月，腾讯发布了一款动漫周边电商平台——鹅漫 U 品。虽然由于物流、退款和经费等各种问题，仅仅过了一年多鹅漫 U 品就下线了平台交易，但其在商品评论情感分析方面的应用还是有许多值得学习的地方。

在一般的电商平台上，用户在完成一个订单后通常会为商品留下评价，而这个评价除了评价内容外还包含着用户对商品的评级，鹅漫 U 品平台的业务设计也是这样。但是，评级所展现的好评率和差评率并非完全真实准确，用户可能会因为误选等各种原因选错评级，因此会出现“假好评”和“假差评”的现象。

前鹅漫前台研发团队的 Leader 徐汉彬介绍了他们的做法［61］。为了甄别出这些被错误分类的评价以便于后续的商业分析，他们基于 TensorFlow 框架，利用 Python 的深度学习库 Keras 构建了一个多层 LSTM 的中文情感分类模型，采用了鹅漫 U 品平台中真实的用户评论数据建立语料库，并抽取了其中 7 万条作为训练样本来训练模型。该模型共有 6 层，如表 3.5 所示。其中的核心层便是 LSTM 层，而 Flatten 层和 Dense 层则用于变换数据维度。

最终训练得到的模型在测试集上拥有约 96%的分类准确率，比传统的机器学习方法的准确率高出不少，它能够根据评价内容分析出其情感倾向度，进而筛选出评论中的“假好评”和“假差评”，以方便作进一步的处理和分析。通过这个模型，还可以进一步从数据中找出字数较多、描述详细的“深度好评”和“深度差评”，更加方便消费者和商家了解真实具体的商品体验反馈。

表 3.5　**鹅漫 U 品多层 LSTM 情感分析模型架构**

网络层	输出维度	可调试参数
Embedding（输入层）	（None，20，128）	640000

续表

网络层	输出维度	可调试参数
LSTM1 (LSTM 层)	(None, 20, 64)	49408
LSTM2 (LSTM 层)	(None, 20, 64)	33024
Flatten (压平层)	(None, 1280)	0
Dense (全连接层)	(None, 2)	2562
Softmax (输出层)	(None, 2)	0

面对互联网中巨量的数据，若想仅仅依靠人工来处理，需要消耗高额的时间代价和人力资源，效率低下。而在商品评价情感分类分析的业务场景之下，虽然机器学习领域的深度学习方法也无法完全解决中文文本情感分析中的难点，但其仍显著提高了执行效率，已经能很好地满足企业应用的需求。

3.6　本章小结

在本章中，笔者向读者介绍了机器学习在商业领域的应用状况，介绍了机器学习算法在市场客户细分、动态定价、客户流失预测、商品评论情感分析方面的应用，并且还在每一小节中给出了具体的案例。从这些案例中可以很明显地看出，机器学习的应用切切实实地在改变着人类社会的商业模式。当然，机器学习在商业领域的应用远不止于此，笔者也只是介绍了其中很小的一部分，目前在实时聊天机器人、个性化推荐系统、欺诈检测、智能调度等方面同样可以看见机器学习的身影。

机器学习的应用让每一个人都有了在这个市场上创造价值、实现价值的机会。在全球性的数字化背景之下，生产产品所需的技能、知识和机遇都触手可及。一个新的公司不需要像以往的公司那样在黑暗中独自摸爬滚打，通过无数次的“试错”来积累经验，而可以利用网络上无处不在的信息确定市场需求，划分目标人群，通过技术这一工具的辅助做出更加高效、合理的决策。

但正如爱因斯坦说过的一段话：“如果你们想使自己一生的工作有益于人类，那么只懂得应用科学本身是不够的。”尽管机器学习技术的进步改造着传统的商业模式，为人类带来了相比以往更便利、更智能的生活，但我们仍应关注技术的进步和应用带来的一些问题。

应当明确的是，机器确实在越来越多的领域能够帮助人类做出更好的决策，企业必须合理应用这些新的技术，才不至于被时代洪流所淘汰。但人类社会始终是人类的社会，人类的作用在社会生活中依旧无比重要。正如笔者所介绍的这些机器学习技术在商业领域中的应用一样，机器的作用只是在辅助人类更好地理解数据和信息，而如何选择合适的技术，如何使用数据，如何做出决策，最终的决定权还是在于人类自己。机器并不擅长通过已知的条件创造出新的想法，但创造力也正是人类自身引以为傲，区别于冰冷机器的重要特征。

第 4 章　机器学习在大众媒体领域的应用

【内容提示】 本章将从大众媒体行业领域方面讲述机器学习的应用。从较为基础的有监督学习算法 BP 神经网络在新闻自动推荐配图方面的应用为例逐步过渡到较为进阶的 SVM 算法在微博媒体评论的情感分析的应用。从有监督学习到无监督学习，引出 K-means 算法在音乐个性化推荐上面的运用进行讲解说明。在深度学习领域，分别介绍了使用卷积神经网络自动生成体育新闻标题和基于 LSTM 的微博谣言检测这两个典型应用案例。

4.1　机器学习在大众媒体领域的概述

机器学习对于当下社会生产发展产生了巨大的影响，同时也极大地方便着人们的生活。机器学习因为自身的特点，在社会的各个领域都有着十分重要的作用，并对绝大多数行业的发展有着较大的推动作用，在大众媒体领域尤为明显。

4.1.1　个性推荐，使传播更加精确

机器学习对人类未知领域的探索具有十分强大的作用。对于大众设计领域方面，机器学习更多地是服务于大众，极大地满足于人们的生活习惯和心理需求。针对这方面的需求，机器学习需要注重人们在大众媒体领域方面的情感、思想、行为习惯的探索与发掘。通过机器学习分析人们的思想特征，进而做到服务大众。特别是针对一些个性化推荐，机器学习逐渐将大众媒体慢慢迁移到“个性媒体”领域。让每个人所看到的、所听到的、感受到的都是具有强大针对性的传播，提高了信息的传播效率并满足了人们对个性媒体的需求。并在此方面，已经

有了不少的成绩，例如：抖音短视频的智能推荐，淘宝的“猜你喜欢”商品推荐，新闻的智能推荐，等等。机器学习在大众媒体的个性化推荐方面，起到了十分重要的作用。

4.1.2 辅助工作，让媒体人工作更加便捷高效

机器学习对于辅助大众媒体工作者的工作方面也具有十分的优势。通过对于已知数据的采集与分析，训练出适合于此项工作的最佳模型，进而对媒体工作者的工作起到辅助性的作用。例如：录音文字识别让媒体工作者的输入变得更加方便，甚至这些录音可以直接转化成一篇不错的新闻稿，只需要进行一定工作量的审核工序，最后即可完成一篇普通新闻的书写与发送的工作，大量地节省了人力物力，使更多的媒体领域的工作人员能够将更多的时间花在更有价值的事情上。

4.2 利用 BP 神经网络实现新闻的自动配图

4.2.1 传统图文匹配存在的问题

随着技术的快速发展和移动互联网普及，新闻以一种全新的姿态展现在人们的面前。世界万千，每时每刻都发生着大大小小的新闻，其中图片在新闻传播中起着至关重要的作用，往往大众会根据图片来选择自己是否对这个新闻产生兴趣。高匹配度的图片可以给新闻传达最准确的信息，使得传播更加“视觉化”。所以新闻配图一直是新媒体工作者重点要关心的内容。

传统的新闻配图一般是使用人工的方式对文本进行阅读之后进行照片的选择配图。对于一些实事发生的新闻，则会有专门的摄影工作者对当时新闻场景进行拍摄，以便后续新闻能够使用。但是对于一些抽象类的新闻，例如：金融新闻、政策类新闻等，都需要一些能够反映行业属性的图片来引导读者的阅读。对于这些图片的选择，往往人工对新闻图片的选择会产生大量的重复劳动，使得工作效率低下。对于突发性新闻消息来说，往往为了抢占首发、头版头条等，新闻发布的时间往往是第一要素。用人工来手动快速匹配图片和新闻报道虽然准确度很高，但速度慢、效率低。对于大量的一般性新闻来说，过度地使用人工来做会造

成较大的人力资源的浪费。

传统图文匹配存在着一些问题，利用机器学习的技术则可以对这些问题进行一定的改善。通过机器学习技术改善后的传统图文匹配可以使得新闻传播更具备快捷性和高效性。

4.2.2　新闻自动配图应用 BP 神经网络的意义

BP（Back Propagation）神经网络，全称为反向传播神经网络，属于比较传统的传播网络算法。其主要原理是通过神经网络的输入端和数据端的误差进行反向传播，从而调整 ω 权重值和 b 偏置值的计算，通过不断地优化模型的预测结果，此算法属于多层神经网络和前向传播的核心算法。

BP 神经网络在新闻自动配图的应用中主要是通过新闻文本和海量图片标签之间的关系预测。正是因为 BP 神经网络由正向传播计算、反向传播计算构成，在图像的泛化能力、模式识别能力、分类问题等方面具有较好的性能，所以在新闻的自动配图方面具有先天优势。

4.2.3　BP 神经网络具体应用方法

BP 神经网络主要是运用在图片上没有该新闻的文本内容部分，主要是对文本和图片进行关系预测。

在前期的数据准备时，会选取大量的带有图片的新闻。利用百度的 OCR 接口对图片进行文字识别，将带有文本的图片和没有文本的图片分作两类。同样地间接将两类新闻也分离开来。接下来就是对文本进行强特征项的选取，选取能够表达主题的关键词作为本段新闻的特征项。利用 TF-IDF 技术进行咨询检索和咨询勘探的词频加权，选择特征项。

$$TF_{\omega} = \frac{\text{在某一词条 } \omega \text{ 出现的次数}}{\text{该类中所有词条数}} \tag{4.1}$$

进行逆向文档频率（IDF）操作。当词条具有较好的分类类别属性时，其值为语料库的文档总数和包含词条 ω 的文档数加一商的对数，具体公式如下所示：

$$IDF = \log\left(\frac{\text{语料库的文档总数}}{\text{包含词条 } \omega \text{ 的文档数} + 1}\right) \tag{4.2}$$

最后计算 TF-IDF 值，通过 TF-IDF 值将符合要求的新闻文本进行向量化表示。到此对于新闻文本的前期处理就到此结束。

对于图片特征的选择则是对“RGB 图片”进行图片特征的提取。传统的 RGB 图片由大量的像素点构成，每个像素点由不同比例的红色、绿色、蓝色（光的三原色）构成。但是对于图片提取的操作，则需要将彩色图片按照一定的规则转换为灰度图片。在一张灰度图片中，每一个像素点均由 0~255 这 256 中的自然数表示其“灰色程度”。将彩色图片处理成黑白图片最主要的目的就是为了降低计算强度和方便后面将图片向量化表示。

图片转成黑白之后，将会把图片进行向量化处理。具体步骤是将图片通过 resize 函数统一调整成固定的大小，然后将彩色图片灰度化，并将灰度值大于 128 的像素点标记为 1，小于等于 128 的像素点标记为 0，从而实现将灰度图片进行二值化操作。最后将所有的图片均用长度为 100 的向量表示。

将文本向量和图片向量拼接起来，然后设计 BP 神经网络训练模型，实现文本和图片之间的关系预测。最终的模型可以反映出较好的结果。

4.2.4 机器学习辅助文本与图片匹配具体案例分析

在机器学习辅助文本图片匹配这项研究中，国内外已经有了一些较为成熟的运用，下面将从实际已经形成规模商用案例去进行分析：

1. Getty Images 新闻自动图片匹配 AI 工具——Panels

Getty Images 是一家总部位于美国华盛顿州西雅图的摄影图片库公司。公司主营业务是为商业和消费者提供库存图像的供应，拥有超 1 亿张静态图片和插图，和超 5 万小时的电影镜头片段。2018 年，Getty Images 宣布发布人工智能工具 Panels，此工具为新闻报道推荐最佳的图片选择。在新闻稿中，说道：“通过利用人工智能的力量来自动化图片搜索流程，新闻机构可以更快地创作出更好的故事，视觉内容将更加吸引媒体内容用户。”

Panels 工具网站如图 4.1 所示，可以将文章文本复制到搜索框中，该工具通过自然语言处理，从 1.1 亿张照片数据库中根据文章内容找到最为合适的图片推荐出来。它也会通过定制的过滤器和自我改进算法及时学习并采用编辑选择过程进行更好的优化。

图 4.1　Panels 网站主页面

通过大数据算法和丰富的数据库的结合使用，Panels 工具在推荐正确率上具有较高的匹配性。此工具现在暂时面向企业授权，并不会对个人进行授权使用。

2. 搜狗智能 AI 机器人——智能汪仔

文本配图不仅仅是在新闻文本方面能够大放异彩，在人们日常的聊天工具中也能得到不错的用途。对于输入法来说，加入 AI 新功够对增强用户黏性有很大的帮助，发掘自身潜力，将产品本身融入大数据时代是通往成功的必经之路。

2019 年 8 月，被誉为"国民输入法"的搜狗输入法在整个输入法行业内率先上线 AI 功能助手——智能汪仔，如图 4.2 所示。智能汪仔是由搜狗、清华大学天工智能计算研究院等顶尖技术团队历时 9 个月耗资千万打造。搜狗智能 AI 聊天机器人智能汪仔具有十分强大的功能，特别是输入文字过后会自动匹配出对应的表情包，点击即可快速发送。这一功能一经上线就受到许多年轻人的追捧。

在算法实现方面，智能汪仔通过强大的机器学习算法和大量的图片表情包数

图4.2　智能汪仔AI配图输入界面

据库，使得用户输入关键词后输入法就能快速地弹出对应的表情包，最后完成图文匹配工作。

4.3　基于SVM算法的微博媒体评论的情感分析

4.3.1　情感分析的现实意义

进入21世纪以后，中国的互联网技术突飞猛进，尤其是在信息传递上，智能终端设备的普及带动着信息传递方式的改变，只要有网络，人们随时随地可以接受来自世界各地的实时消息，也可以在微博、空间、朋友圈发布自己的心情。其他人也可以对他人发布的消息进行评论。

随着大数据时代的到来，不少人认为对于以微博为主的主流社交平台用户数据的分析有利于检测人们对于某一热点事件的观点和态度。微博作为网络社交媒体的代表，其用户数量呈现爆炸式增长，越来越多的用户开始通过微博获取信息、发布信息。这些用户带来了海量数据，如果对这些数据文本、数据音频、数据视频通过算法进行分析，通过其中的感情色彩进行分析、决策，在舆论监督、社会调查、商业营销等方面将发挥巨大作用。试想一下，某车企发布了一款全新的新能源车，官方在微博发布了一条营销广告，数以万计的用户通过广告了解到这一车型，并积极发布自己对这款新车的态度和观点。这些态度和观点往往都带有用户的感情色彩，例如，"这款车虽然是新能源，但是续航真的很棒!"这样一句简单的评论就包含了用户对于这款车的感情色彩是喜欢、赞同。如果车企将所有的评论都进行情感分析，那不就很容易从这些数据里面分析出普通民众对于新车的态度了吗，有了这些数据支撑，车企后续就可以根据这些数据对企业发展做出调整。不仅如此，其他很多方面，对于微博数据的感情分析都能为有关行业提供一定的数据支撑。

那为什么需要使用机器学习算法来分析情感数据？设想一下平时你所看到的微博，往往一条微博下面就充斥着数以万计的评论，这其中不仅有文字，更有图片、视频。如果单纯通过人工对数据进行提取分析，不但费时费力，而且分析的结果也容易存在误差。但是当我们引入机器学习算法以后，通过爬虫等手段采集数据集，进而对数据集进行数据分析，这样不仅有效提高了效率，而且可以保证分析结果的准确性，准确地分析结果数据才能达到情感数据分析的最终目标。

由此不难看出，基于机器学习算法的微博媒体评论分析意义重大，相关的研究也越发激烈。

4.3.2　应用 SVM 提高情感分析精度的必要性

SVM（Support Vector Machine），支持向量机，属于监督式学习中的一种。力求找到一根线或者一个多维平面将现有的所有的样本分成两部分。其包含硬间隔和软间隔，软间隔则是在硬间隔中引入 hinge 损失函数，增加常数 C 为惩罚系数（$C > 0$）。当 C 越大时对分类的惩罚越大，反之对损失的惩罚越小。软间隔的存在可以使得 SVM 算法具有避免噪声的优势，让分类更加的准确。

通过搜集和查阅大量的文献，笔者发现，SVM 算法在针对情感分析任务中具有较为先天的优势。其中在国内外的研究中，许多学者专家都将此类问题的解决方法基于 SVM 算法。并通过大量的实验验证确定了算法的效果。

Mishne（2005）利用基于 SVM 算法训练出了一个拥有 132 种情绪的分类器。Yang（2007）利用基于 SVM 和 CRF 的机器学习技术对博客的所有的留言语句进行了分析处理。在国内，Go 等人（2009）基于 Twitter 的文本数据，经过多种机器学习算法的实验后发现，SVM 算法相较于其他机器学习算法来说具有更好的表现。Barbosa 和 Feng（2010）利用 SVM 算法训练分类器作用于带噪音标签的资源。经过前人的大量研究可以发现 SVM 算法在情感分析领域具有更好的表现，因此在提交情感分析精度方面，SVM 算法具有十分强大的优势。

所以综上所述，SVM 是较优的选择。

4.3.3 SVM 具体应用在情绪分类的方法

以新浪微博为例，在前期的数据标注阶段，需要对文本人工情绪标注。将所有的语言文本划分到八种情绪里，分别为“惊讶”“厌恶”“高兴”“喜欢”“恐惧”“生气”“悲伤”“无情绪”。但是对单一的句子进行划分则显得有些偏颇，如果对于一整段微博进行情感态度划分则具有很强的挑战性。

例如：针对“今天下雨。我有点郁闷！但是在家里看书也不错。”这句话，“今天下雨”是一个无任何情绪的事实，于是将它归为“无情绪”类。“我有点郁闷”则对应“悲伤”的关键词。“但是在家里看书也不错”这句话则具有强烈的“高兴”色彩。但是对于整句话来说，我们应该如何确定整句的情绪呢？很明显，有“但是”转折词连接的话语，后面的情感态度应该总领本段态度，所以本段态度为“高兴”。

针对文本的分析特征主要有两种方法，分别为基于词典的方法和基于 SVM 的方法。基于词典的方法则是利用现有的中文情绪词典中的词语和微博文本的内容进行部分匹配，经过匹配和最后的筛选，最后就能判断文本的情绪态度。基于 SVM 的方法则显得更加具有优势。

基于 SVM 的方法具体运用时将采用三种基于文本的特征，分别如下所述。

（1）词汇特征：具体的中文词表达不同的情感态度。

（2）标点符号特征：通过标点符号有时也能够十分清晰的表达情绪。例如：“！”则可代表“惊讶”的情绪等。

（3）情绪字典特征：检索全文，将每个类别的词汇进行统计，最后哪个词汇出现的次数最多，就最能代表本段话的情绪。

具体运用的过程为：首先将微博文本进行基于 SVM 的方法和字典方法获取句子的两个情绪标签；再将文本转化为含有标签和连词的序列；随后挖掘 CSR，通过 CSR 提取特征，在针对整个文本进行基于 SVM 的情绪分类；最后能够得到具体的情绪倾向。

4.3.4　社交媒体评论情感分析具体案例分析

社交媒体评论的情感分析在许多现实生活场景中已经有了较为不错的运用。接下来将会从微博中关于“英国脱欧”这件发生在 2016 年的新闻进行分析。

首先我们将网民的所有的情绪划分为八大类，分别为“惊讶”“厌恶”“高兴”“喜欢”“恐惧”“生气”“悲伤”“无情绪”。该话题的热度在当年的 6 月份之前基本没有，但是在欧盟进行公投之后，该话题的热度具有了明显的上升趋势，如图 4.3 所示。

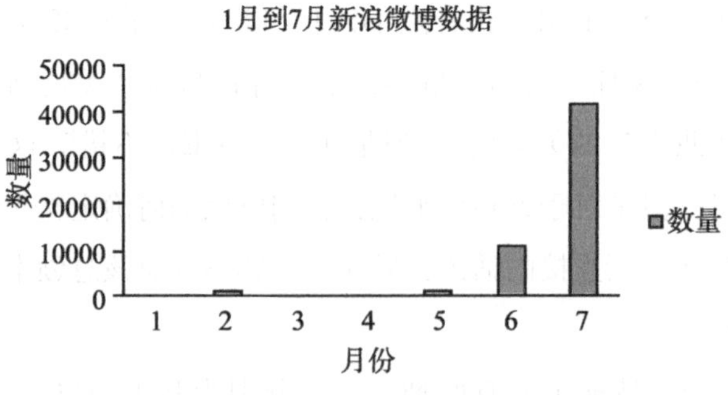

图 4.3　“英国脱欧“时间微博话题讨论声量趋势分布图

经过情感分析的算法之后，除去大多数对结论不产生影响的“无情绪”微博文本之后，经过统计可以看出：在公投还没开始之前，即 6 月份，大多数网友的主要情绪是高兴。但是当公投结束之后，即 7 月份，更多的情绪则转换成了“生气”，其次是“高兴”和“厌恶”（如表 4.1 所示）。

表 4.1　　**“英国脱欧”事件微博舆情情绪分布数据表**

月份	生气	厌恶	高兴	喜欢	恐惧	悲伤	惊讶
1 月	6	4	6	4	5	6	5
2 月	39	44	61	36	35	32	28
3 月	6	4	5	4	4	6	5
4 月	4	5	6	4	0	2	2
5 月	37	42	57	34	32	30	26
6 月	186	280	440	205	34	185	75
7 月	1876	1067	1156	577	256	806	458

根据上面的数据展示，我们再来针对此次事件进行背后新闻的探索，尝试找到合适的理由去支撑“英国脱欧”事件微博舆情情绪分布数据。根据外交政策网 6 月 30 日的报道，英国脱欧这一事件对于欧盟，甚至于对于整个全球的经济来说都是一个不够稳定的因素。但是对于中国的网友来说，英国是否脱欧只能成为大家茶余饭后的闲谈，而对于中国网民的生活带来的影响是非常有限的。对中国社交媒体来说，并没有很多人会关心英国脱欧是否会导致全球经济的不稳定，也不会有很多的人知道“英国脱欧”这件事对于中国的影响。但是事情的转机则发生在投了同意英国脱离欧盟的新闻被西方媒体报道之后，微博上的网友对此件事情的态度开始发生变化。

从图 4.4 可以看出，生气的比例明显变多，但是高兴的比例却从 31.5%降至 18.8%，其他的情绪变化并不明显。综合分析，最可能的原因是英国民众的反悔决定和这种随意的态度让网友的负面情绪增加了许多。

从图 4.5 可知，对于微博网友的内容关键词分析，可以发现大家更多的关注点在于欧元货币、移民政策和经济形势上面。

纵观整个事件可以看出，网民的情绪变化主要集中在高兴和生气之间，并未产生十分大的变化，其中较为微小的情绪波动可以给予相关部门对于接下来的舆论引导一定的建议。在这种事情突发之后，有关部门应该针对相关建议对公众进行有效沟通，对于一些不恰当的情绪表达进行一定的引导，从而制定出最具针对性的传播方法。

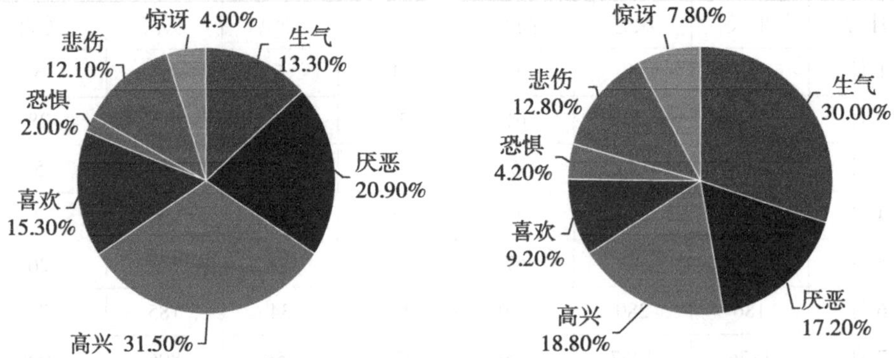

图 4.4　“英国脱欧”事件 6 月份（左）和 7 月份（右）微博舆情情绪分布

图 4.5　“英国脱欧”事件新浪微博词云图分析

4.4　引入 K-means 算法的音乐个性化推荐

4.4.1　传统音乐推荐算法存在的问题

随着近些年来互联网的飞速发展，智能手机开始普及，各类音乐 APP 开始流行，人们逐渐开始由传统的 Mp3 等音乐收听方式转向智能手机，一方面是因为传统的音乐收听方式获取音乐的方式有限，另一方面是智能手机的音乐 APP 开始通过分析用户的收听习惯，进而给用户推荐音乐。起初的分析没有引入有关算法，仅仅通过用户收听某一类型音乐的时长做简单的推荐。这种推荐方式简单粗暴，往往难以正确分析出用户的真正需求。

随着音乐 APP 逐渐普及，音乐推荐开始引入有关算法，这其中包括基于内容的推荐、协同过滤推荐算法、混合推荐算法。这些算法中最成功的应该是协同推荐算法，初期使用音乐 APP 的人数不多的时候，协同推荐算法通过对所有用户进行分析计算找出一类有相同兴趣爱好的用户，进而汇总相似用户的音乐记录，从中找出目标用户没有听过的音乐推荐给用户。但当 APP 的用户人数呈现爆炸式增长的时候，这种协同推荐算法需要对大量用户数据进行分析，一方面数据量大，分析速度慢，另一方面这些用户中有很大一部分基本没有什么相似点，但算法依旧会将这些用户的数据进行比对。这就导致了对目标用户分析不准确的问题，进而推荐给用户的音乐不受用户喜欢，久而久之就造成了用户的流失。再看看另外两种算法，基于内容的推荐算法主要通过对用户的音乐数据进行分析，由于音乐 APP 除了直接展示的文字信息外，更多的是视频信息，这种算法难以对用户的视频数据进行有效分析，即使可以也很耗费时间，且分析数据准确度不高。混合算法中和上述两种算法，理论上会有更好的效果，但实际使用并非如此，由于两种算法混合使用，导致用户数据分析针对性不强，推荐给用户的信息中可能夹杂着用户不感兴趣的数据。

由此不难看出，音乐 APP 如何有效分析用户兴趣，进而针对性推荐用户数据对于音乐 APP 来说意义重大，高效的推荐算法往往决定着用户能否留存。

4.4.2 引用 K-means 算法的意义

传统的推荐系统主要包括三种推荐方式，分别是基于内容的推荐、协同过滤和混合推荐。其中，协同过滤算法是在这三个算法里面运用最多的，且在经验上是最成熟的。其流程如图 4.6 所示。

但是在传统的协同过滤算法中，需要找到相似的用户，而是对于一个十分庞大的用户群体来说，上亿的用户背景下，协同过滤算法最后的计算效果不尽如人意。因为大量的用户基数会产生大量无效的数据，对于这些无效数据则可以不进行计算。为了解决传统协同过滤算法可能会带来的问题，于是引入了 K-means 算法。

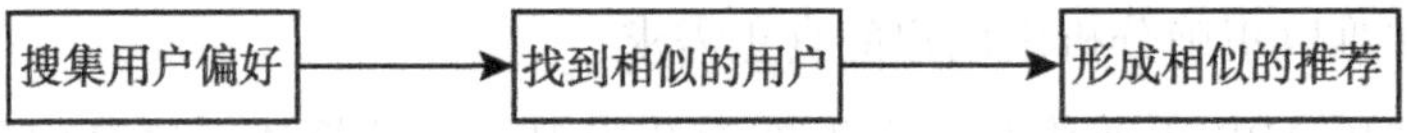

图 4.6　协同过滤算法流程

K-means 算法是一种利用迭代求解形式从而将目标数据进行分簇的一种聚类分析算法。同时 K-means 算法也是一种无监督学习方法。K-means 算法可以将一堆在属性方面较为相似的元素分为一组，组内的每个元素具有相同的特性，组与组之间的特性彼此不同。

利用 K-means 算法的特性，可以提前将用户进行预处理，将相似度较高的用户分为一组，不同特征的用户进行分开处理。随后以组为单位进行协同过滤算法，最后达到大大减少计算量，使推荐更加准确的目的。这也正是引入 K-means 算法来改善协同过滤算法最主要的原因。

4.4.3　K-means 算法的具体应用方法

K-means 算法和核心思想就是将用户分为 k 组，计算每一个元素距离簇中心的距离，迭代步骤，直到簇中心不再变化。最后生成稳定的簇中心，将元素稳定的分为 k 组。

利用 K-means 算法的具体步骤是：首先通过用户的听歌日志的详细信息建立用户的兴趣标签模型。其中听歌日志里面包括用户名、歌曲名、听歌时间。歌曲标签则包含歌曲名和歌曲标签。通过用户听歌记录和歌曲标签从而映射为用户兴趣标签。随后建立用户标签矩阵，其中标签值表示用户在听歌的过程中标签所出现的次数。

根据用户标签矩阵进行 K-means 算法聚类。生成多个不同的簇，每一个簇代表相同兴趣的用户群体。生成后则进行距离计算，算各个元素点到中心点的距离，求平均，最后得到新的中心点。反复此过程，直到中心点的变化小于阈值，则完成聚类。

其中可以对 K-means 聚类算法进行部分改进。首先可以对那些无关的游离点进行去除，因为它们的存在本身就会造成中心点的偏离，使得最后的结果并不能十分准确。再就是在选取随机点时，不同的选择会对分类结果造成影响，于是将聚类一开始直接分为 k 个改进。先分为两个，再分为四个，逐步来分，直到得到最后的 k 个，就可以结束划分了。这样的改进可以对算法的准确性产生不错的效果，使算法的准确度得以提升。

4.4.4　音乐软件的智能推荐具体案例分析

在现实生活的场景中，音乐类 APP 层出不穷，例如：网易云音乐、QQ 音乐、酷狗音乐、酷我音乐等。每个音乐播放器都有着自己的一套音乐推荐系统，帮助用户听到更多符合自己爱好的歌曲，特别对于某些播放器，强大的音乐推荐能够让用户对软件产生巨大的好感，从而快速地占领市场份额。这里将会对几款音乐播放器软件进行具体的分析。

1. 网易云音乐

网易云音乐主要是通过两个渠道对用户进行音乐推荐，分别是：每日歌曲推荐和歌单推荐。在这里我们针对大家最常用的“每日歌曲推荐”部分进行分析。

网易云音乐的算法基础是基于协同过滤。协同过滤就是通过给用户查找相似的用户，然后通过相似用户的喜好来深度挖掘目标用户更加倾向于听到什么歌曲。

推荐的主要依据有：试听记录、收藏歌曲、收藏歌手、喜欢、下载等用户行为数据。在所有的行为数据里，不同行为的权重不同。经过实验可以发现，网易云音乐的权重是：试听>喜欢>下载。但是这个结果却不符合我们的日常认知，在日常认知里面，只有特别喜欢才会去下载，但是在权重表现中却是下载的权重最低。最后经过分析后发现，每当一次的播放结束之后，就会向服务器传输一次的行为记录，在这个行为记录里面包括：播放音乐的时长，歌曲的来源等，所以网易云的权重理应是按照用户端操作成本进行的排序。

2. QQ 音乐

与网易云音乐一样，QQ 音乐也在音乐播放器市场占据着大量的份额。在歌曲推荐领域也有着自己独特的算法思路，受着大众的追捧，被称作 QQ 音乐推荐系统（QQ Music Recommendation System）简称 RS。如图 4.7 所示。

图 4.7　网易云音乐与 QQ 音乐的推荐界面

当一个新用户刚刚进入 QQ 音乐时，RS 会根据歌曲敏感度（语言>歌手>流派）来对于这个新用户进行歌曲推荐。当用户听到这首歌之后，下一个所做出的反应将会使 RS 开始对他的爱好进行分析，以便下一次为他推荐更加准确的歌曲。在日常的行为里，RS 会记录你的每一次“收藏”“删除”“下载”行为，这些行为被称作重度行为，表达出了你最为明显的好恶。但是，对于“切歌”这一行为，RS 判断起来则会复杂很多。于是引入一套类似于 Logistic 回归的预测机制，根据歌手、流派、切歌时机等多种因素考虑进来，再去评价对于这首歌最真实的态度。越靠近 1，则喜欢这首歌的概率越大，反之则越不喜欢这首歌。于是在后台，系统慢慢地勾勒出“用户的模样”，用户喜欢听什么歌，系统就给他推荐什么歌。

同时，RS 还会结合与网易云音乐同样的方法，找到和你兴趣相似的人，再来进行分析推荐。同时还会通过歌曲与歌曲的联系一起进行推荐。

4.5　基于 CNN 算法的体育新闻标题与正文的自动生成

4.5.1　传统足球体育新闻存在的问题

新闻阅读随着互联网的高速发展也逐步开始了属于新闻界的自我革命，使用网络进行新闻的获取，新闻搜索和社交媒体传播人数在逐年上涨。根据中国互联网络信息中心最新发布的《第 47 次中国互联网络发展状况统计报告》中显示，截至 2020 年 12 月，我国网络新闻用户规模达 7.43 亿，较 2020 年 3 月增长 1203 万，占网民整体的 75.1%。手机网络新闻用户规模达 7.41 亿，较 2020 年 3 月增长 1466 万，占手机网民的 75.2%。① 如图 4.8 所示。

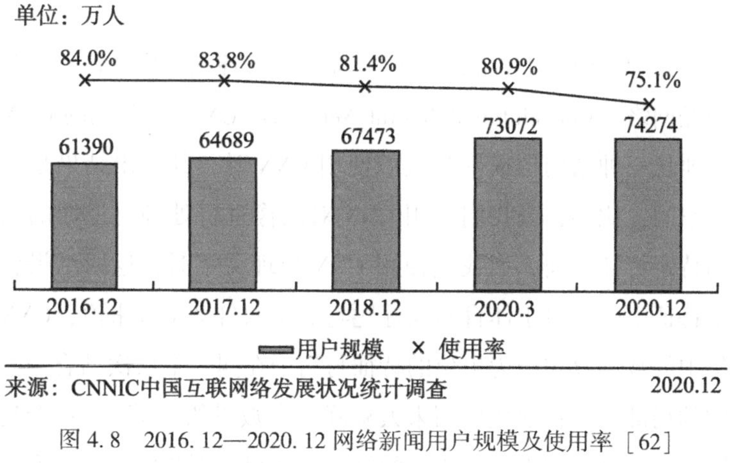

图 4.8　2016.12—2020.12 网络新闻用户规模及使用率［62］

① 来源：http：//www.cac.gov.cn/2021-02/03/c_1613923423079314.htm

在人们多样的获取新闻、传播新闻资讯的同时，传统的新闻行业有着很强的冲击。随着大数据的不断发展，使得网络新闻、数字报纸等网络媒体如虎添翼，使现代人们的阅读习惯产生了巨大的改变。

在新闻媒介方面，网络端的便利性远远大于普通的新闻报纸、杂志等方式。随时随地都能打开手机查看新闻，对自己感兴趣的新闻，可以点赞、收藏，也可以分享。这些便捷的操作，让人们更加乐于用手机去看新闻，这使传统的新闻行业倍受冲击。

在新闻内容方面，人们获取新闻逐渐多元化，用户均有自己感兴趣的领域，人们对自己感兴趣的新闻停留较多的目光，传统新闻行业远远无法满足人们对这一点的需求，但在网络端，个性化推荐与个性化定制已经发展的较为成熟。用户可以根据自己的喜好进行订阅，应用会根据用户的行为进行分析，推荐关于每位用户独一无二的系列新闻。这些个性化的新闻定制是传统新闻行业远远所不能比拟的。

对于新闻工作者来说，大数据的运用使得他们可以更加专注于复杂劳动，使这种简单的重复劳动得以避免。

4.5.2　应用 CNN 使新闻生成更加快速高效

神经网络作为当前人工智能领域的一部分，被各领域广泛使用。当前最流行的是卷积神经网络（Convolutional Neural Networks，CNN）。基础的 CNN 一般由卷积、激活、池化三种结构构成。当我们使用 CNN 时，其输出结果是我们数据集的特定特征空间，比如，当我们使用 CNN 对图像进行处理时返回的结果就是每一幅图像的特定特征空间，当我们使用 CNN 处理文字时，返回结果就是每一段文字的特定特征空间。对于体育新闻标题与正文的自动生成来说，CNN 可以将我们的数据集中的数据以句子为单位的特征与句子在同一个层次结合。卷积层负责提取图像中的局部特征；池化层用来大幅降低参数量级（降维）；全连接层类似传统神经网络的部分，用来输出想要的结果。试想一下我们需要观看一场足球比赛，然后根据这场比赛的情况手动去写一篇文章报道这场足球赛，你需要很仔细地去看这场比赛，然后还要做好赛事记录，最后根据比赛情况整理撰写文章。这个过程无疑是十分复杂的，而且全程比赛都需要十分认真，一旦有遗漏，那这篇报道无疑就会偏离实际。反之，当我们使用了 CNN 时，我们只需要把这场比赛的关键信息和比赛结果告诉算法，接下来算法就会对我们的数据进行分析，通过卷积神经网络的卷积、激活、池化三个步骤，这时候算法输出的是数据的特定特征空间，我们如果再对这个输出结果加以处理，自动生成我们这篇文章的标题和关键信息，这样一来对于新闻编辑者来说，我们只需要记录这场球赛的关键信息以及最后的比赛结果，使用 CNN 算法，我们就可以直接生成我们需要编辑的新闻标题和内容。对于体育新闻工作者来说这将是一件极大解放双手的事情。

4.5.3 CNN 算法具体应用方法

从分析一篇体育新闻入手。根据文章内容对文章结构划分如下：比赛时间、比赛名称、参赛队伍，参赛球员、比赛概述和比赛精彩时刻等关键信息。例如我们通过上面的这些信息可以概要的描述一场足球比赛为：北京时间 12 月 12 日凌晨 3：00，英超第 24 轮一场焦点战 ，阿森纳主场出战南普顿。本场比赛中，双方在赛场上激烈竞争。迪乌夫为斯托克城奉献了 1 粒进球，切尔西队门将库尔图瓦表现神勇，全场没收了 2 次射门。联赛交锋中，切尔西在客场 0∶1 不敌对手。本场比赛中佩德罗将球一拨，左脚抽射，打进，斩获 2 分。作为新闻文章，时间和详细的事件显得尤为重要，我们在训练数据中发现，时间是连续的单位，例如：10 分钟，但是我们将时间进行简单的加减运算时，结果就没有含义了。

CNN 算法中我们针对时间特征分析，对时间数据进行抽取。再进一步抽取球赛的关键信息，比如球员进球瞬间或者是其他精彩瞬间。除此以外，我们针对一些敏感词汇，例如，“手球”“越位”等进行抽取，然后就可以生成一段内容为：比赛开始 10 分钟时，佩德罗抓住机会，连续越位，成功为队伍拿下一分。使用这种算法，分析出的关键字构成文章的主体部分。

4.5.4 机器人写作具体案例分析

机器写作在新闻行业已经有了较为不错的发展，我们身边的部分新闻内容可能来源于机器书写。在现实生活中，腾讯的 AI 撰稿机器人“Dreamwriter” [63]、微软旗下人工智能机器人“微软小冰”、美联社的机器人“NewsWhip” [64] 等 AI 新闻写作机器人已经在全世界范围内被广泛使用。基于机器学习算法的 AI 机器人的广泛运用使新闻的产出更加得迅速，在快速抢占头条新闻、独家新闻方面往往具有较大的优势。

腾讯的 AI 撰稿机器人“Dreamwriter”早在 2015 年 9 月就产出了它的第一篇文章——《8 月 CPI 涨 2% 创 12 个月新高》，此篇文章一经发出在新闻界便引起了巨大的轰动。整篇文章的行文流畅、内容翔实，与日常的新闻媒体记者所发出的报道别无二致。此外在内容上还特别的引用到了国家统计局的数据，还加入了银河证券和国家统计局城市司高级统计师余秋梅对数据的分析和预测。Dreamwriter 从第一代到第五代，每一代的更新升级都带来了更加复杂的技术运用，每一次的技术升级都为内容的质量带来更加有效的提升。

机器学习 AI 写作国内外主要以两种方法为主：模板写稿和自动摘要。还有一种为自动生成模式，但此种模式并没有在世界范围内被广泛应用。

针对模板写稿，此类方法主要是在固定的模板里面对部分内容进行变更，最后完成写作。首先是针对多种类型的新闻定制模板，当模板的数量达到之后就可以开始搜集数据，截取新闻片段关键词进行选择模板生成最终的新闻文本了。该模式运用在数据库较为规范、格式较为统一的报道当中，如球赛、财经类的简讯、天气预报等。

其中在 NBA 赛事上就曾利用了模板进行新闻稿件的输出，具体的步骤为首先根据直播的文本信息构建球队的分差函数，并提出基于分差函数的数据分片算法和数据合成算法，对数据分片进行分类并构建模板库，最后利用该模板进行 NBA 赛事的新闻自动写作工作［65］。对于自动摘要则是对内容进行分析后选取部分内容来代表整体文字内容。

4.6 LSTM 算法在微博谣言检测中的运用

4.6.1 谣言检测的现实意义

互联网兴起以前，人们获取信息的主要方式还是电视和报纸，这些途径获取的信息虽然在时效性上难以保证，但这些信息经过相关部门或者单位的审核，不会存在虚假信息或者是谣言信息。但随着互联网的飞速发展，微博已然成为人们随时随地表达个人观点和兴趣爱好的网络平台之一。微博依靠其信息传播速度快、覆盖范围广、时效性强等优势迅速霸占国内新闻媒体市场［66］。

但凡事都具有两面性，微博平台具有高度自由性，其信息发布的门槛较低，任意用户可以在任意时间发表自己的个人观点，甚至可以对他人发表的观点进行评论。这一特性一方面让彼此之间的沟通变得简单、便捷；另一方面却也带来了不少问题。用户可以肆意发布，这其中有一部分用户发布谣言信息，平台仅靠人工判别难以较好地判断并拦截这些谣言信息，这就造成了谣言在公众间迅速传播。这些谣言的迅速传播和扩散对人们的正常生活和社会秩序产生了极坏的影响。从微博辟谣官微发布的“2019 年度微博辟谣数据报告”显示，2019 年，微博站方共有效处理不实信息 77742 条，新增谣言案例 470 例。平均每一条不实信息微博被 60 个网友举报，标记不实信息 1184 条。全年单条不实信息从举报到处理平均用时 10.82 小时，每条谣言澄清用时比去年快了近 6 个小时。由此不难看出，微博平台谣言检测与屏蔽意义重大，如何有效检测微博用户所发布的内容是否为谣言任重而道远［67］。

微博平台虽然在谣言监测方面已经做出了努力，但以目前的情况来看，大部分谣言扩散速度极快，在谣言得到有效处理以前已经有大范围的扩散。如果在微博谣言检测中加入机器学习算法，通过该算法可以在短时间内对用户发布的微博和评论判断真实性，及时遏制谣言扩散，其处理速度是传统的人工筛选无法相比的。其势必可以取代人工操作，成为微博谣言检测的主力。

4.6.2 谣言检测应用 LSTM 算法的意义

LSTM 的中文叫作长短期记忆神经网络（Long short-term memory，LSTM）是循环神经网络的一种。对于一般的循环神经网络来说，它是一个能够高效处理序列数据的神经网络，能处理传统神经网络无法处理的序列变化数据。例如：一个词的意思有多种，但是具体选择哪一种需要靠上下文的内容来进行决定，对于循环神经网络来说，此算法就能很好地解决这一事情。

LSTM 是在传统的循环神经网络上进行改变的一个特殊的循环神经网络。主要解决的问题是在处理长序列数据的时候会产生梯度爆炸和梯度消失的问题。总而言之，LSTM 能够更好地解决更长的序列数据问题。为谣言分析的算法方案奠定基础。

其中 LSTM 内部主要有三个阶段。首先第一个是忘记阶段，对于上一个节点传输过来的输入进行有选择性的忘记。再进行第二阶段，选择记忆阶段，对于输入的数据进行选择性的记忆，记录重要的信息，减少不重要信息的传递。最后一个阶段是输出阶段，这个阶段会选择最合适的信息作为当前状态的输出。

4.6.3　LSTM 算法具体应用方法

要利用 LSTM 算法进行谣言检测，在我们前面的描述所知，LSTM 算法更加适用于长序列数据问题的解决。于是首先应该将传统的中文文本进行向量化，这样才能使用 LSTM 算法进行下面的操作。

首先通过 Embedding 层将目标文字转化为向量化［68］。其中常使用的是 CBOW 和 SG 两种模型，如图 4.9 所示。但是两种的原理是不一样的，主要体现在：CBOW 模型是通过上下文去预测单词，但是 SG 模型却是恰恰相反，它是使用输入的单词实现上下文的预测。

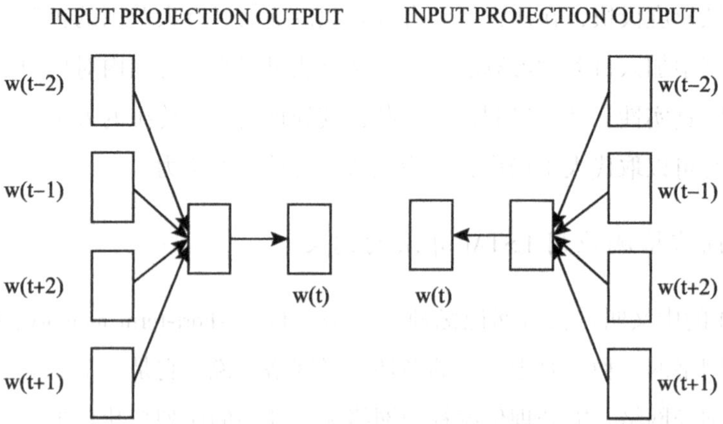

图 4.9　CBOW 与 SG 模型结构

通过 Embedding 层将目标文本进行向量化之后则可将向量化的文本交给 LSTM 进行处理了。通过上文所提及的三个阶段，LSTM 层将 Embedding 层所输出的词向量转化为句子向量，再传递给 Dropout 层。

Dropout 层的目的主要是减少神经网络的复杂度，防止过拟合。适当地抛弃一些神经元节点，可以有效地防止过拟合的产生。使用了 Dropout 层以后，每次都会删除掉部分的隐藏层神经元，这样的过程会在每一次的训练过程中去进行，最后就有效地抑制了过拟合的产生。

最后使用 Softmax 分类层进行最后一层的输出分析，判断文本是否为谣言。此处的谣言是一个概率值，来判断此句话为谣言的可能性。

4.6.4 谣言检测具体案例分析

近年来，谣言检测技术的应用十分广泛，在这里笔者举两个例子来分析谣言检测在网络内容管理中是如何工作的。

1. 新冠肺炎疫情的谣言检测实例

自 2019 年底新冠肺炎疫情开始，"疫情"等这一类词成为网络上的热搜词，同时也出现在现在大众人喜爱的交友、生活等软件中，例如：腾讯 QQ、微信、微博、抖音……在全国人民都关心的话题里，谣言也是夹杂在其中。研究结果表明：①谣言存活周期时间短，但是更新速度快，与实时新闻有一定的延迟。②谣言大多采用文本和 P 图的方式散播，且主要和人们关心的话题有着密切关系。③谣言在全国的分布不均衡，主要集中于东南沿海地区，与疫情状况成正比例关系。

通过统计数据分析得知，疫情期间的谣言散播主要还是以短视频、文本和图片的方式传播居多。文本传播位列首位，谣言的产生多数都发生在人们不经意间的聊天信息以及转发信息过程中。其次就是通过视频的形式进行传播，例如：近几年热火的短视频软件——抖音 APP，它的每一个视频主要通过流量的方式来进行扩散自己的消息，而短视频的生动性和趣味性也吸引了大量人使用，且创作门槛较低，人人都可当生产者，可视化和强烈的代入感也让观众们极容易信服，难辨出真假，为谣言的生存创造了非常好的生存空间。此外就是以图片传播的形式，虽然图片也是较为生动形象，但是不比视频的动态性，静态性的展现不如视频，但类似动图，还是非常容易被传播的。

2. 微博评论异常谣言识别

互联网发展迅速的今天，微博、朋友圈、QQ 空间、社区交流软件等，成为了不少人分享生活的必备品。在感受自己的生活的同时，也可以了解他人的生活。更可在别人的动态下与别人进行互动交流。

谣言者利用微博评论区，有意散播谣言、歪曲事实和伪造假象，而群众对于信息的真假并不能第一时间得到正确的判断，这样就容易引起负面感情的产生。对于造谣者来说，这正是煽动群众情绪的好机会。考虑到微博评论大多数以文本的形式出现，通过微博情感词典的构建，分析评论中异常词语出现的异常度来反映网友们对于某些实事和他人的想法做出怎样的观点或意见。首先将采集到的大量微博评论数据，把其内容分为谣言微博评论和普通微博评论，在去除有关人名、地名等专有名词后，统计出各自名词出现的次数，再经过一系列的统计以及详细分析后，最后通过比较普通微博评论和谣言微博评论中的词汇，可以有明显的发现。一些较为敏感性的词汇就出现在谣言微博评论中。在现有的微博内容、传播途径和用户范围基础上，通过对评论中的敏感词汇进行详细分析，构造相应的模型，并以大量数据为基础，得出相应的结论。可以从多个维度对微博评论进行分析，将微博评论的多维度引入谣言识别，能够对微博的评论现状进行一定的有效分析。

4.7　本章小结

本章主要讲述了机器学习在大众媒体领域的运用。在大众媒体领域中，机器学习的这颗大树的蓬勃生长给大众媒体领域带来了很多发展契机，也具有划时代的意义。

无论是我们前面所提到的新闻图片的自动匹配，还是体育新闻标题的自动生成，都给传统的大众媒体传播工作者带来了极大的方便，也让大众媒体的传播进入真正的“人工智能”阶段。同样，在一些辅助性分析领域，无论是情感分析还是谣言检测，都给社区运营者提供了十分全面而又准确的建议，让大众媒体工作者对社区的管理更加精准无误。对于服务于人们生活的个性化推荐，能够让人们了解更多他们想看到的。这些例子数不胜数。

在我们的生活和学习中应该善于去发现身边的事物，说不定你的手之所及，心之所想，一举一动都被机器学习给包围着。我们也应该保持着一种求真求知的态度去看待身边的事情，也要拿出辩证的思维去看待身边的每一件事，才不会被身边的信息所迷惑，找到真正有用的信息。

第5章　机器学习在交通领域的应用

【内容提示】本章主要介绍机器学习在交通领域方面的应用，因篇幅有限只详细介绍了SVM、LSTM、YOLO三个算法应用的一部分，而这只是机器学习在交通领域方面应用的很小一部分，并且随着算法的发展进步，数量越来越多、精确度越来越高的机器学习算法开始在该领域得到应用。

5.1　机器学习在交通领域的应用概述

5.1.1　我国交通发展现状

2019年，中共中央以及国务院正式发表了《交通强国建设纲要》，指出了智慧交通发展方向：将运输行业与信息技术行业包括大数据、互联网、人工智能等先进技术激进行紧密结合；促进数据资源加强交通开发，加快交通基础设施网络、运输服务网络、能源网络、信息网络的综合开发。

自20世纪90年代中期以来，我国对智能交通系统的发展战略、体系框架和标准体系进行了深入分析。2013年，交通运输部提出"综合运输、高度道路交通、绿色运输、安全运输"的开发理念。2017年，中国共产党第19届全国大会的报告书首次明确提出了"交通强国"的开发战略。2019年，中共中央和国务院正式发表了《交通强国建设纲要》，指出了智慧交通发展方向。大数据、互联网、人工智能、区块链、超级计算等与运输行业的紧密整合。促进数据资源加强交通开发，加快交通基础设施网络、运输服务网络、能源网络、信息网络的综合开发。构筑有条件的高度道路交通信息基础设施。2019年发布的《推进综合交通运输大数据发展行动纲要（2020—2025年）》明确表示，到2025年，全面的交通大数据标准系统将更加完善，大规模且系统化。2020 年发布的《关于推动交通运输领域新型基础设施建设的指导意见》提出，到 2035 年为止，将基本建成交通强国，交通行业总体进入世界先进国家行列。到本世纪中叶，全面建成交通强国。

5.1.2 智慧交通的特征分析

智慧交通是基于智能交通系统，全面认识交通系统各要素，实现泛在互连、协调运营、高效服务和可持续发展。这是大数据、云计算和和物联网等新一代信息技术与人工智能、知识工程相结合，实现具有一定的自组织能力、判断能力、创新能力、更高效、敏感的交通系统［69］。

智慧交通是以智能交通系统为基础，全面连接交通系统各方要素，利用大数据、云计算和物联网等先进信息技术来实现泛在互连、统筹运营、高质量服务和持续性发展的强国交通规划，将知识工程和人工智能相结合，建设有自组织、判断、创新等能力和更高效、高敏锐度的交通系统。

智慧交通的开发显示了数字化、网络化和智能化的特征。所谓数字化，是指基础设施的数字化、运输组装设备的数字化，以及数字化收集系统的构建等，是公路交通系统开发的肉体和血液。网络化是智慧交通的骨干，有效地连接了包括基础设施、运输组装设备、行业管理、出行服务以及出行服务网络化和传输系统网络化。智能化是智慧交通的灵魂，它使用来自数字化生产的大量数据，汇集网络交通所有要素，实现智能物流组织和智能应用系统等智能化管理和服务。

5.1.3 机器学习在交通领域的技术

智慧交通在大数据技术的帮助下从海量的交通信息数据中获得需要的信息，实时分析、预测同时调整运输需求，促进运输运营效率、道路网络容量、设施利用效率的提高。从行业管理和信息服务的需求出发，采用最新人工智能技术将动态交通工具的大数据、交通指导以及实时动态交通分配等技术紧密联系在一起，实现交通基础设施和交通工具的智能控制、交通智能管理以及智能信息服务。

大数据技术。大数据具有海量、高增长率、多样化、低价值密度等特点。在交通基础设施的整个生命周期的管理中，设施传感器的监控数据、质量和安全性的监控数据、交通通行数据、道路（航海）区域气象和环境监测数据等产生大量静态和动态数据；交通管理和出行服务包括大量车辆轨道数据、物流数据、公交刷卡数据、高速公路通行费数据、铁路运输运营数据、地图和导航数据以及交通参加者的手机信号数据也会生成。但是，只有海量的数据是无法产生价值的。基于行业需求，必须充分考虑行业数据的大数据特性，重建和实践大数据处理和存储相关技术架构，有助于公共信息服务和社会管理决策。通过与大数据技术道路网综合管理、出行信息服务、交通运用管理等业务紧密结合，加快运输行业的管理手法、服务模式、商业模式的革新。

人工智能技术。大数据技术和机器学习技术应用于公路交通系统，有助于在各种方面实现数据共享和信息互通，建立全面的交通管理系统，对交通资源管理、车辆的安全性管理等方面都很有帮助。人工智能技术在交通上的应用主要有以下几个方面：

（1）在交通违章行为中的应用。在传统的交通系统中，为了监视和捕获交通违章，必须分析和处理捕获的大量抓拍数据，这需要在人工方面付出巨大的工作量。通过结合机器学习技术和大数据技术，可以智能地分析违反交通规则的行为。例如，使用图像分析算法，根据捕获的图像数据信息，可以正确识别车辆的颜色、牌照、车型，以及相关违法行为的智能监控，如：打电话、不系安全带等，通过这样的方式可以降低人力成本，提高工作效率，有效减少交通违章的误检、漏检［70］。

（2）改善城市交通拥堵。随着我国经济快速发展，人民生活水平提高，市内车辆数量不断增加，给市内交通系统带来巨大压力，城市堵车问题日益严重。例如，城市的公共交通工具在道路的特定路段很拥挤，导致公共交通工具不能按时到达车站，或多个公共车辆同时到达车站等各种各样的问题。通过整合大数据技术、LBS 技术、物联网技术等多种计算机技术［71］。利用机器学习技术分析和处理道路拥挤情况，如：实时调整公共汽车运行计划，使公共交通准时到达车站。这些方法有效缓解了城市交通拥堵问题。

（3）无人驾驶提高安全性。近年来，随着我国城市车辆数量的增加，交通事故率也有缓慢上升的趋势。使用大数据技术和物联网技术，收集、分析、处理交通信息、车辆运行信息、运行轨迹等数据信息，提供交通信息管理系统的基本保障，有效减少交通事故的发生。借助先进的无人驾驶技术，在计算机智能系统、云计算平台和通信技术的协助下，交通事故的发生率将大幅度降低。

（4）智能路况分析提高道路效率。随着科技的发展，先进的传感器技术、通信技术、计算机技术以及管理技术可以有效地应用于道路监视和管理系统，使公路交通在监视、服务和管理等方面的效率大大提高。通过各地交通管理系统，可以迅速收集道路的交通信息数据，分析和处理收集到的信息数据。在短时间内准确地取得各道路的交通情况，为交通管理和调试提供数据的支持。例如，通过使用公路摄像头和相对应的检测技术，可以实时获取交通事故、建设、雨雪、结冰等影响道路交通安全的问题，并上传相关信息到系统。交通管理系统将通过系统发布给相关出行者的个人终端，为出行人员实时提供当前道路交通状态，并根据出行人员目前的情况提供移动时间、移动路线、出行模式等。

5.2 SVM 算法在自动驾驶决策中的使用

5.2.1 人工驾驶存在的问题

作为车辆驾驶中最一般的交通驾驶行动，车道变更行为对于交通环境的认识和车辆的控制来说特别复杂，对司机的技术和集中力也有很高的要求。在传统的变更车道过程中，司机在需要变更车道时，必须先观察自己和目标车道的车辆情况，根据两个车道的车辆的运行状态综合判断车道变更的条件是否完备，确定后正确且迅速地决定并进行车道变更。但是，因驾驶员个体差异而导致驾驶能力和性格不同，在特殊环境下，驾驶员难以做出正确且及时的判断，在变更车道时与其他车辆相撞，发生交通事故。复杂的变道过程常常是交通事故发生的主要原因之一。根据调查统计，2010 年，我国交通事故中 6%是由于司机的不当车道变更行为造成的。在驾驶员的不恰当的车道变更行动中，有关车道变更的错误决策占了全体的 75%。国道交通安全局（NHTSA）对近几年的交通事故数据进行了统计分析，事故中 27%是由车道变更引起的，而其中 90%以上的原因是司机没有充分观察周围环境错误的进行变道。

车辆的车道变更行为是结合周围车辆的速度和车距等驾驶环境信息，根据驾驶员自身的驾驶习惯进行驾驶决策的综合过程，最终完成司机自己的驾驶目标。在变更车道的过程中，司机必须对驾驶环境进行评价，并根据个人的经验习惯决定是否变更车道。不合适的车道变更会影响交通的流畅和稳定，以及减少道路的容量，因此，分析车道变更的过程时，根据当前的驾驶环境正确且迅速地决定车道变更的方法尤为重要。在利用机器学习的方法分析了车道变更数据后，确立了正确有效地实现在公路上驾驶车辆的车道变更决定过程的车辆车道变更决定模型。

5.2.2　应用 SVM 算法的意义

不适当的车道变更行为是最常见的引起交通事故和交通堵塞的原因。交通系统作为一个复杂的系统，包括大量相互作用的信息，具有不确定性、复杂性和随机性等特征。因此，在研究车道变更和车辆跟踪过程时，必须充分考虑交通特性，并详细分析各种交通数据。目前，机器学习凭借其优异的性能普遍运用与社会生产、生活的各个方面，特别是在大数据分析、人工智能、图像声音识别等领域有着众多成果。机器学习方法将数据作为驱动器使用，自动从数据中提取特征进行分析，将分析后的信息持续反馈给模型，提高性能、适用性和精确性。将机器学习中的方法作为工具，通过模型分析交通数据，根据其特性学习得到其中包含的信息和规则。详细分析车辆变更车道的行驶行动，确立多通道车辆车道变更研究。

自动驾驶技术是交通领域逐渐热门的研究之一，自动驾驶技术问题的关键点之一是如何设计和分析自动驾驶汽车驾驶行为［72］。多通道交通的研究流程，是通过多通道车辆换道模型的确立而实现的。在各种模拟场景下模拟车辆的运行，分析行驶车辆的跟车和车道变更等轨迹数据，为自动驾驶的算法学习提供了数据，为再现实际驾驶情形提供了支持。有效、准确的多通道车辆车道变更模型，可以进一步发展智能交通。

5.2.3　SVM 介绍

支持向量机（SVM）算法是机器学习方法的一种，SVM 基于统计学习理论，原本是为了解决两个分类问题而使用的。SVM 将控制结构化的风险，其目标是把因错误分类而引起的风险和损失控制在最小的限度。在统计样本数量少的情况下，实现优秀的统计规则。其基本的想法是在样本空间中发现分割不同类别超平面，分离不同类别的样本，同时这个超平面要有最大的分类间隔。由于车辆的车道变更行动对交通环境有很大的影响，所以对车道变更的判断大多依赖于现在的驾驶环境和驾驶员的驾驶习惯等诸多因素，很难判断车道变更行动，并进行预测。关于这一点，从数据的角度出发，通过收集并分析车辆的车道变更数据，建立基于支持向量机的车道变更决定模型，能够有效地提高车辆运转中的车道变更的精度。

5.2.4 SVM 算法的应用方法

本案例所介绍的车道变更模型，是一个基于 SVM 的车道变更决策而建立的模型。为了研究车道变更的决策，根据车辆运行时的运行环境的各种各样的信息为依据，使用分析后的数据训练支持向量机模型，取得正确合理的车道变更的决定用于驾驶车辆。车道变更决策的研究内容由特征输入、数据获取、数据预处理、参数调、模型评价 5 个部分构成，分析车辆的运行过程和车道变更，最终根据车速和车距来选择模型的特征。关于车辆行驶环境数据的取得，根据调查课题选择并模拟成熟模型，通过持续调整模型参数，对所有模拟数据进行筛选，取得必要的数据并保存生成数据集。与手动收集相比，这种数据生成方法具有更方便、更简单的访问方式，可以实时更改相关参数的优点。同时，数据集的真实度取决于模拟中使用的模型。一个精确度高的模型和适当的初期条件，所生成的数据集的可靠性更高，算法模型学习后的性能更好。关于原始数据的构成，考虑到换道数据的比例较不换道的数据的比例要小得多，数据集维度和大小有明显的差异，数据预处理阶段选择对数据使用 z-score 标准化排除数据差异，然后使用 SMOTE 技术对数据集进行平滑处理。而训练的最后一步：参数的调整和模型的评估对于模型的最终性能是至关重要的。只有使用合理的评估标准来评估模型，模型才能在保持性能的情况下作用在实际的问题中。本案例中，车辆车道变更研究采用准确率（Accuracy）、AUC 和 ROC 曲线三个指标来调整模型的参数。为了研究汽车跟车，在拉格朗日（Lagrange）坐标下导出全离散的汽车跟车模型，结合换道决策进行多车道公路换道动态模拟。引入换道率的指标（每单位时间的车辆平均车道变更数、TrLc）在高低密度、高低车速等场景中模拟的车道变更率和测定出的车道变更率的比较和分析。基于规则的车道变更模型在决定车道变更的的效果时好时坏，只在特定的运行环境中取得良好的结果。同时，基于支持向量机的车道变更模型在各种运行环境中都有很好的精度和有效性。一方面，确立的车道变更模式，可以用来再现实际条件下公路上车辆的运行。从仿真的观点出发，可以为交通管制提供了数据，进一步改善交通管制的分析方法。另一方面，理论上支持根据当前的运行环境调整无人驾驶的速度，做出车道变更的决策。

通过分析多车道车辆在公路上的行驶行为，选取了

- 驾驶车与当前道路前车的跟车距离（单位 m）
- 驾驶车与潜在变更道路的最近邻前车的跟车距离（单位 m）
- 驾驶车与潜在变更道路的最近邻后车的跟车距离（单位 m）
- 驾驶车速度（单位 km/h）
- 潜在变更道路最近邻前车速度（单位 km/h）
- 潜在变更道路最近邻后车速度（单位 km/h）

构成样本向量，动态模拟在各种情况下的决策。由于不换道样本远多于换道样本，是不均衡的数据集，使用 SMOTE 算法处理不均衡数据，取得新的均衡数据集。基于此，SVM 模型被训练取得 SVM 通道变更决定模型，并计算其分类精度和 Auc 值。基于 SVM 的车道变更决定模型的作用是，根据过去的数据分析公路现在的运行环境，取得是否变更车道的决策结果。

5.2.5　案例分析

2019 年 Liu 等［73］提出的 BAYESIN SVM 根据贝叶斯参数优化了支持向量机模型，在 NGSIM 数据集中能够达到 86.27%的换道决策准确率。2020 年 Jin 团队［74］提出了高斯混合隐马尔可夫模型，在 NGSIM 数据集中能够达到 95.4%的换道决策准确率。同年 Wang 等［75］提在出 SVM 模型中引入蝙蝠算法优化参数，从而在 NGSIM 数据集中能够达到 96.47%的准确率。

5.3 基于 LSTM 预测城市交通情况

5.3.1 城市交通的问题分析

近十年来随着人们生活水平的提高和经济的快速发展，越来越多的人选择了买车，导致许多城市都有交通拥堵的问题，限制了城市的进一步发展。交通速度和交通状况密切相关，发生堵车时最直观的征兆是速度的变化。因此，预测交通速度的变化，可以用来间接预测交通状况，作为改善交通拥堵的依据。以中国为例，2020 年人均拥车率为 37.1%。噪音、污染、交通堵塞等与车辆拥有量增长相关的问题有很多，其结果是出行时间浪费，生产效率丧失。

5.3.2 应用 LSTM 的意义

利用深度学习方法对交通数据进行学习和分析，可以更准确地预测城市道路交通的状况，从而有效促进智能城市的建设。交通管理部门可以正确预测交通状况，实时发布交通堵塞预告，让司机选择顺畅的道路，提前决定移动路线，提前做好错峰出行的决策，从而提高交通道路的利用率。对于其他出行者来说，通过及时了解城市的交通堵塞情况，可以更好地选择出行路线、出行时间、出行模式，减少出行时间的同时节省出行费用。针对基于过去的数据复原结果的现有的堵车预测方法与实际的结果差距大，预测数据集小，堵车预测效果不理想等缺点，基于自编码的特征提取模型与以往的方法的数据复原不同，可以减少错误以及缺失的交通数据对预测堵车的影响。基于 LSTM 的交通拥堵预测方法，综合研究并分析了平均交通量、天气、休息日，考虑到了造成交通堵塞的诸多因素和交通数据集不断增加的影响，该案例提出了一个基于长短期记忆模型的交通堵塞预测方法。LSTM 可长时记忆数据，能很好地传播交通这类时序数据，避免传统 RNN 训练过程中梯度消失的问题。最后，利用其优点，可以获得交通数据的特征，改进预测模型。由此，即使部分数据缺失或错误，也能有良好的鲁棒性，提高交通堵塞预测的精度。

5.3.4　LSTM 的应用方法

道路网受城市人口密度、路网覆盖率、车辆数量等诸多因素影响，也受天气、节假日等因素的影响。因此，用于表征交通堵塞影响因素的特性变量有以下三个方面可供选择：(1) 交通流量参数，如交通流量、交通流量密度等，是交通状况最直观的参数。(2) 天气等环境因素，这部分数据需要从定性描述中进行定量转换，归并到模型的输入特征向量。(3) 休息日等社会因素与预测地区的习俗密切相关，也需要归一化处理。

模型中的特征向量包括：

1. 气象条件

各种气象条件也会影响交通状况。例如，恶劣天气下，如雨雪等道路状况不好，有时会影响行车，造成交通堵塞。但是，这并不是唯一的影响因素。天气好的时候，旅行的便利性会给旅行带来更多的流量。因此，可以将天气条件用作数据特征。为了量化气象因素的影响，根据气象灾害警报信号的发散对策所规定的基准，将台风、大雨、暴风雪等 13 个气象条件合并根据严重性和影响，将气象紧急条件划分为五个级别：第一级（特别严重），第二级（重大），第三级（重度），第四级（一般），正常天气的情况下为第五级（无色）。具体数值与天气预报警告信号的颜色有关。此外，根据天气的条件，可以如下定义天气：

$$w=\begin{cases}0.9 & \text{红色}\\0.7 & \text{橙色}\\0.5 & \text{黄色}\\0.3 & \text{蓝色}\\0.1 & \text{无色}\end{cases}$$

2. 交通流密度

交通流是指选择的交通区间、观测点或在道路区间内单位时间中的车辆数量。交通流虽然是影响交通状况的重要因素，但它不是衡量交通状况的很好指标，通过车辆的数量并不能直接反映交通状况。例如，交通量非常少的情况下，可以考虑两种情况。一个是道路完全拥挤车辆不能通过的情况，另一个是在道路部分行驶的车辆少的情况。交通流密度是指单位区域和单位时间道路上通过的车辆数量。交通流密度定义如下

$$k = \frac{N}{L \times T} \tag{5-1}$$

其中，k 是交通流密度，N 表示单位时间内通过车辆的总数，L 表示检测区域长度，T 表示检测的周期。

3. 占有率

车辆的空间密度和时间密度反映为占有率。所谓占有率，是指将道路特定地点或短路部分车辆占用的时间或空间的比例。可分为时间占有率和空间占有率。

（1）空间占有率：在特定的交通区域中，车辆的长度与区域的全长相比，被用作测量车辆队列长度的空间占有率。空间占有率可用选的路段的车辆总长度表示，考虑到各种车型的长度，是衡量当前道路段使用情况的良好尺度。与交通流量密度相比，空间占有率能更准确地反映道路的利用率。本书用 r_s 来表示交通道路空间占有率

$$r_s = \frac{1}{L}\sum_{i=1}^{n} l_i \tag{5-2}$$

其中，r_s 代表空间占有率，L 表示此条道路的长度，l_i 表示第 i 辆车辆长度，n 表示在单位时间内通过的车辆数量。当 r_s 值越大时，表示车辆长度占道路长度的比例越大，交通路况堵塞的可能性更大。当 r_s 值越小时，表示车辆长度占道路长度的比例越小，道路更可能通畅。

（2）时间占有率：在选的的交通路段上，用车辆通过的时间与观测时间的比值来表示时间占有率，这里用 r_t 来表示表示交通道路时间占有率

$$r_t = \frac{1}{T}\sum_{i=1}^{n} t_i \tag{5-3}$$

其中，r_t 是时间占有率，T 是观测的时长，t_i 表示第 i 辆车通过检测路段所用时间，n 表示在 T 时间内通过的车辆数量。当 r_t 值越大时，表示车队通过监测点的时间越长，交通路况堵塞的可能性更大。当 r_t 值越小时，表示车队通过监测点的时间

越小，道路更可能通畅。

4. 节假日

休息日是旅行的高峰，出行时间和平时不同，所以休息日也是评估交通情况的因素之一。很多情况下，交通和休息日的长短是分不开的。为了将假日的因素归一化。如果把一年中最长的连续休息日作为 P 的话，周末两天的休息日可以量化为 $2/P$。其他周末以外的休息日正式开放可以表示为 P_i/P。这里是 P_i 表示第 i 天的休息日期间的休息日总数。可以用以下划分函数表示：

$$h=\begin{cases}0 & \text{工作日}\\ \dfrac{2}{P} & \text{周末}\\ \dfrac{P_i}{P} & \text{假期}\end{cases} \tag{5-4}$$

工作日值为 0，非假期双休值为 $2/P$，其它假期为 P_i/P。合成所有向量，输入变量集合如表 5.1 所示。

表 5.1　**LSTM 中输入量含义与取值**

变量	变量意义	取值
x_1	天气状况	$\{0.1, 0.3, 0.5, 0.7, 0.9\}$
x_2	空间占有率	$[0, 1]$
x_3	时间占有率	$[0, 1]$
x_4	交通流密度	k
x_5	路段平均车辆	N_{avg}
x_6	是否为节假日	$\{0, 2/P, P_i/P\}$
x_7	时刻	00：00-23：59

假设训练集为 D，则训练集的样本个数为 $n=|D|$，若从表 5-1 中选择 1 个变量，则可构建出训练集合

$$D=\begin{bmatrix} x_{1,1} & \cdots & x_{1,l} \\ \vdots & \ddots & \vdots \\ x_{n,1} & \cdots & x_{n,l} \end{bmatrix} \tag{5-5}$$

假设在某一个单位时间中，通行车辆为 N 辆，所有车辆经过监测点后计算的平均速度为 v_i，V_{avg} 可以表示如下

$$V_{avg}=\frac{\sum v_i}{N} \tag{5-6}$$

交通拥堵评价指标有很多种类，包括道路服务水平指标、交通流参数指标和交通拥堵时间指标，其中交通流参数指标中的平均行程速度通常直接用来评价道路的拥堵程度。因此结合中国道路设计规范服务水平标准中针对服务水平等级与路段区间速度的对应关系，采用通行车辆的平均速度 V_{avg} 来衡量交通拥堵状况。为了构建训练集的输出，根据速度将交通状况划分如下

$$y=\begin{cases} V_{avg}\geqslant 30\text{km/h} & \text{通畅} \\ 20\text{km/h}\leqslant V_{avg}\leqslant 30\text{km/h} & \text{缓慢} \\ 10\text{km/h}\leqslant V_{avg}\leqslant 20\text{km/h} & \text{拥挤} \\ V_{avg}\leqslant 10\text{km/h} & \text{堵塞} \end{cases} \tag{5-7}$$

根据速度的不同值划分成以上区域表示不同的交通状况 $y=$ {通畅，缓慢，拥挤，堵塞} 用于对数据进行分类。对于 4 种情况，分别对应到数值 $y=\{4, 3, 2, 1\}$。将这些参数输入 LSTM 模型中学习，根据获得的 y 值，来预测其交通状况。

5.3.4　案例分析

越来越多的算法被应用到交通预测中，这些算法能够从海量的数据中捕捉到数据之间的复杂关系。文献 [76] 通过一个两层的深度学习（Deep Learining, DL）结构预测短期交通流量，底部是一个深度信念网络（DBN），顶部是一个多任务回归模型（MTL）。文献 [77] 提出了一种基于 DL 的方法预测大规模交通网络中的日常出行需求。在文献 [78] 中，作者发现，由于自由流动、故障、恢

复和拥堵之间的过渡，交通流的尖锐非线性可以被 DL 架构所捕获。文献 [79] 提出了一种用于短期客流预测的混合 EMD-BPN（结合经验模式分解，反向传播神经网络）方法。图形化的 LASSO 也被结合在神经网络中，显示了其在网络规模的交通流量预测中的潜力 [80]。在文献 [81] 中，一个堆叠的自动编码器模型有助于捕捉通用的交通流特征，并在交通流预测中描述空间和时间上的相关性。文献 [82] 将深度学习理论扩展到大规模的交通分析中，并借助出租车 GPS 数据成功预测了一些道路的交通拥堵。

交通预测的障碍之一是如何捕捉空间-时间的相关性。研究发现，车辆的堵塞和疏通对相邻路段或交叉口的出行量有影响，这表明在预测中应考虑空间相关性。在空间相关性方面，研究人员使用 CNN 来学习大规模、全网交通预测中的局部和全局空间相关性 [83]。为了解决时间相关性（实时交通预测中的另一个固有属性），递归神经网络（RNN）家族被广泛认为是最合适的结构之一。文献 [84] 提出了一个 conv-LSTM 网络，它将 CNN 和 LSTM 结合。这种网络结构与之前所有的 CNN 和 LSTM 的结合工作都不同，它重新定义了 LSTM 中的公式，将基于矢量的 LSTM 单元转移到基于张量的 LSTM 单元（实现卷积操作），而不是仅仅将 CNN 和 LSTM 堆叠在一起。在该研究中，结果显示 conv-LSTM 的表现优于全连接的 LSTM，因为一些复杂的时空特征可以通过模型的卷积和递归结构来学习。

5.4　通过 LSTM 进行出现需求预测

5.4.1　传统网约车存在的问题

近年来，随着在城市生活中的普及，网约车已经成为居民出行的主要选择之一，是公路交通系统中不可忽视的要素，但是网约车的普及也侧面加重了城市交通拥堵问题，交通状况极大地影响了城市日常管理和发展的速度。因此，出行需求的准确预测可以为车辆的调度提供宝贵的建议，以达到车辆供求平衡，减少交通堵塞。

5.4.2 应用 LSTM 算法的意义

订单数据是由网约车产生的典型时空数据，反映交通旅游需求，有助于预测城市出行需求。但是，使用订单的空间数据进行准确的出行需求预测，需要考虑以下3个因素：(1) 时间相关，即时间与出行需求高度相关，如乘客今天早上选择网约车上班，那他明天同一时间也可能选择呼叫网约车，出行需求在时间上是周期性的。(2) 空间相关性，即不同地区的需求相互影响。(3) 出行需求的流入和流出的差异，也就是说，过去的需求数据的流入和流出的依赖性是不一样的。出行需求预测的问题实际上是时空数据预测的问题。面对这个问题，ARIMA、SVM、BP 是基于以往的统计模型或浅层机器学习的方法，可以在一定程度上说明旅行需求的变化。但是，旅行需求受到时间和空间等诸多因素的影响，呈现出动态的倾向。传统的方法模型很难挖掘数据之间的深层关系，存在瓶颈。深度学习有效地建模了高维的时空数据，通过层次表现能自动发现复杂的特征，在图像处理、声音处理、自然语言理解的应用中取得了很大的成功。以上述三个要素为目标，通过引入 LSTM 编码解码注意力机制，能够选择与流入和流出相关的编码器的隐藏状态，因此能够表现模型的流入和流出的差异。同时，LSTM 编码和解码的使用可以从数据的时间依赖特性中学习。

5.4.3 LSTM 的应用方法

1. 时空数据构建

出行需求预测是对网格区域内流入和流出需求的预测。流入是指在特定的时间间隔内从其他地方流入网格区域的总数，流出是指在特定的时间间隔内从网格区域流向其他地方的总数，使用时空网格来模拟出行需求预测的问题，将订单数据处理成时空数据。将空间按经纬度划分为 $I \times J$ 个栅格，栅格节点集合的定义如下：

$$V = \{r_1, r_2, \cdots, r_{I \times J}\} \tag{5-8}$$

其中，V 表示节点集合，r_{ij} 表示一个栅格节点。令 (τ, x, y) 三元组表示一个时间空间坐标，其中 τ 表示时间戳，(x, y) 表示经纬度坐标。则一条网约车订单

数据可用 (s, e) 表示，其中 $s=(\tau_s, x_s, y_s)$ 和 $e=(\tau_e, x_e, y_e)$ 分别代表了订单开始时间空间坐标和结束时间空间坐标。

设 P 为所有滴滴订单数据 (s, e) 的集合，给定一个订单集合 P，$T=\{t_1, t_2, \cdots, t_T\}$ 是按某个时间片划分的时间间隔序列，出行需求流入流出的定义如下：

$$x_t(0, i, j)=|\{(s, e)\in P:(x_e, y_e)\in r_{ij}\wedge \tau_e\in t\}|$$
$$x_t(1, i, j)=|\{(s, e)\in P:(x_s, y_s)\in r_{ij}\wedge \tau_s\in t\}| \tag{5-9}$$

其中，$x_t(0, i, j)\in R$ 和 $x_t(1, i, j)\in R$ 分别表示栅格第 i 行和第 j 列的节点 r_{ij} 在 t 时间间隔内的出行需求流入量和流出量，$(x, y)\in r_{ij}$ 意味着点 (x, y) 位于栅格节点 r_{ij}，$\tau\in t$ 意味着时间戳 τ 在时间间隔 t 内。在时间间隔 t 内所有 $I\times J$ 栅格节点的需求都可以表示为张量 $X_t\in R^{C\times I\times J}$，其中 $C=2$ 表示有流入和流出量两个需求：$X_t(c, i, j)=x_t(c, i, j)$，$c\in\{0, 1\}$。

2. 定义问题

根据给定的历史时空栅格数据 $\{X_t\mid t=1, 2, \cdots, n\}$，预测 $X_{n+\Delta t}$ 其中 $\Delta t=\{1, 2, \cdots, h\}$，表示需要预测的未来时间间隔跨度。

3. 模型结构

时空间数据分为 3 个维度，对应于邻近依赖性、日常依赖性和周期依赖性三个不同的时间特性。邻近依赖性是指现在的出行需求和短期持续的需求之间的密切关系。所谓日常依赖性，指的是日常出行，需求的规律性图所示，出行需求具有的周期性。在一天中，8：00 和 18：00 有明显的出行需求高峰。周期依赖性表明出行需求每次都有一定的规律性，图 5.1 显示了某网格区域 2 周的流入和流出出行需求，从周末和工作日的周期性变化来看，周末的需求大幅增加。

对临近依赖性、日常依赖性和周期依赖性分别进行了建模，输入分别为 X_c、X_p 和 X_w：

$$X_c=[X_{t-d_c}, X_{t-(d_c-1)}, \cdots, X_{t-1}]\in R^{C\times I\times J\times d_c}$$

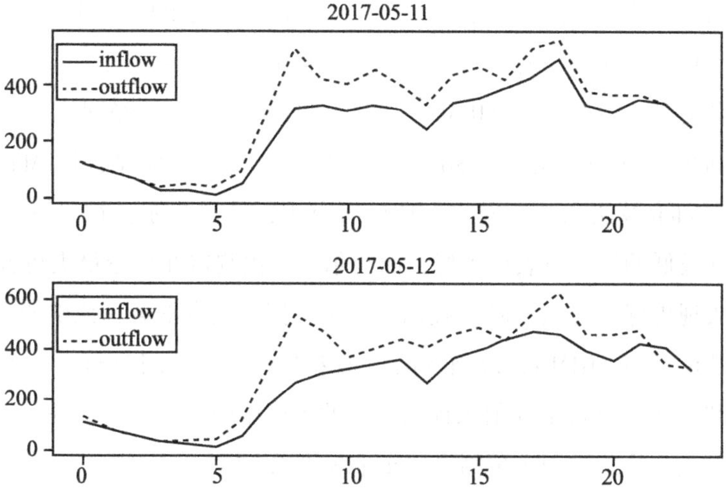

图 5.1 某网格区域 2 周的出行需求

$$X_p = [X_{t-d_p \times l_p}, X_{t-(d_p-1)\times l_p}, \cdots, X_{t-1\times l_p}] \in R^{C\times I\times J\times d_p} \tag{5-10}$$

$$X_w = [X_{t-d_w \times l_w}, X_{t-(d_w-1)\times l_w}, \cdots, X_{t-1\times l_w}] \in R^{C\times I\times J\times d_w}$$

其中，d_c、d_p 和 d_w 分别表示临近依赖序列、日常依赖序列和周期依赖序列的长度，l_p 和 l_w 分别表示 1 天和 1 周（7 天）在时空序列中的长度。

将 X_c，X_p 和 X_w 输入 LSTM 得到临近依赖性输出 X_C，同理也可以得到日常依赖性和周期依赖性的输出 X_P 和 X_W。3 种时间特性的输出进行融合来反映空间中 3 个时间属性的贡献差异，然后将融合的结果通过激活函数得到最终的出行需求预测结果：

$$X_f = W_{fc} \circ X_C + W_{fp} \circ X_P + W_{fw} \circ X_W$$

其中，$\circ$ 表示各元素相乘，W_{fc}、W_{fp} 和 W_{fw} 为可学习的参数，反映对目标的 3 种特性影响的权重，$f(X_f)$ 为最终出行结果，f 为激活函数。

5.4.4 案例分析

研究人员发现，当该地区的空置出租车或等待的乘客过多时，会出现区域性的不平衡 [85]。这种不平衡可能导致供需之间的资源不匹配，进而导致一些地区的出租车利用率低，而其他地区的出租车可用性低。因此，短期乘客需求预测模型对出租车运营商来说非常重要，它可以实施有效的出租车调度和省时的路线寻找，以实现城市区域间的平衡。为了达到准确和稳健的短期客运需求预测，研究人员对各类参数模型（如 ARIMA）和非参数模型（如神经网络）都进行了深入的对比研究。例如，文献［86］实现并比较了三种模型，即 Markov 算法、Lempel-ZivWelch 算法和神经网络。在该研究中，结果显示，神经网络在理论最大可预测性较低的情况下表现更好，而马尔科夫预测器在理论最大可预测性较高的情况下表现更好。文献［87］提出了一个数据流集合框架，该框架结合了时间变化的激情模型和 ARIMA，以预测出租车乘客需求的空间分布。文献［88］采用了全球和本地的 Moran's I 值来评估上海的出租车服务强度，此外，一些社会地理和建筑环境变量也被用于预测出租车乘客需求。

目前一些公司正在进行智能交通研究，如 amap、DiDi、百度地图等。据 amap 科技 2019 年年报显示，amap 在行车导航历史车速预测方面进行了深度学习的探索和实践，与常见的历史平均法不同，考虑了历史数据中呈现的时效性和年度周期性特征［89］。通过引入工业实践中的时间卷积网络（TCN）模型，并结合特征工程（提取动态和静态特征，引入年度周期性等），成功解决了现有模型的不足之处。根据订单数据测算出某周的到达时间，其不良率为 10.1%。这种方法为未来的计时问题探索了一条可行的路径。预计到达时间（ETA）、供求关系和速度预测是 DiDi 平台的关键技术。DiDi 将人工智能技术应用于 ETA，通过利用神经网络和 DiDi 的海量订单数据，将 MAPE 指数降低到 11%，实现了在实时大规模请求下为用户提供准确的时间预期、二级决策和多策略路径规划的能力。在预测和调度方面，DiDi 利用深度学习模型预测一段时间后某个区域的需求，从而向司机发布调度信息。对 30 分钟内的需求预测准确率达到 85%。在城市道路速度预测任务中，DiDi 提出了一个基于驾驶轨迹校准的预测模型，通过基于 DiDi gaia 数据集中成都和西安数据的对比实验，得出结论：速度预测的整体 MSE 指标降低了 3.8 和 3.4。百度通过整合深度学习技术中的辅助信息，解决了在线路线查询的交通预测任务，并发布了百度地图中带有离线和在线辅助信息的大规模交通预测数据集。在这个数据集上，速度预测的总体 MAPE 和 2 小时 MAPE 分别下降到 8.63%和 9.78%。

5.5 使用 YOLO 算法在自动驾驶识别中的作用

5.5.1 驾驶中存在的问题

信号灯和交通标识是交通系统的重要设备，作为视觉信息的一种，有助于驾驶员正确驾驶。但是，由于疲劳、感情、天气、光线、道路状况等各种各样的影响，当驾驶员无法正确识别信号灯和交通标识时，不仅会影响交通系统的正常运行，也带来了很大的安全问题，甚至可能导致交通事故的发生。

5.5.2 应用 YOLO 算法的目的

大多数现有算法仍然难以在受到各种干扰的环境下正确读取数字板，因为这些算法仅在有限条件或使用高精度的图像获取系统时才起到适当的作用。当碰到干扰环境如扭曲、遮挡、模糊或照明不足等问题时，在这些环境中仍无法准确读取信号灯和交通标识。

交通标志检测一直是智能汽车的一个传统问题，特别是作为交通标志识别的前一个步骤，为自主驾驶或驾驶辅助系统提供有用的信息，如方向和警报。最近，交通标志检测又受到了智能汽车导航系统的关注，交通标志可以被用作地图和定位的独特地标。与角点或边缘等具有任意外观的自然地标不同，交通标志具有标准的外观，如严格规定的形状、颜色和图案。标准的交通标志的出现使得在各种条件下检测和匹配交通标志变得高效和稳健，这也构成了交通标志作为道路地图重建的地标的主要原因，是一种可取的选择。

5.5.3 YOLO 算法的基本原理

YOLO 使用整个图像中的所有特征来预测每个边界框。它预测一个图像中的所有类别的边界框，输入图像被 YOLO 划分为 $S \times S$ 的网格，如果标定的物体中心落入某个网格中，则此网格单元就负责检测该物体。

每个网格单元都预测，B 个边界框和这些框的置信度。这些置信度反映了模型对网格包含此物体的信心有多大，也反映了它认为它预测的网格有多准确。形式上，YOLO 将置信度定义为：Pr（object）$*\mathrm{IOU}_{\mathrm{pred}}^{\mathrm{truth}}$。如果该单元格中不存在任何物体，那么置信度应该为零；否则，置信度等于预测的网格和真实之间的交集（IOU）。

每个边界格由 5 个预测值组成：x、y、w、h 和置信度。（x，y）坐标代表网格的中心相对于网格单元的边界，宽度 w 和高度 h 是相对于整个图像的预测，置信度表示预测的网格和任何真实网格之间的 IOU。

每个网格单元还预测了 C 类的条件概率，Pr（class_i | object）。这些概率是以包含一个物体的网格单元为条件的。无论网格的数量是多少，YOLO 对每个网格单元只预测一组类别概率。在测试时，将条件类别概率和单个网格的置信度相乘：

$$\Pr(\mathrm{class}_i \mid \mathrm{object}) * \Pr(\mathrm{object}) * \mathrm{IOU}_p^t = \Pr(\mathrm{class}_i) * \mathrm{IOU}_p^t \quad (5\text{-}11)$$

这给 YOLO 提供了每个网格的特定类别的置信度。这些分数既是对该类出现在网格里的概率的编码，也是对预测的盒子与物体的匹配程度的编码。YOLO 将这个模型实现为卷积神经网络，网络的初始卷积层从图像中提取特征，而全连接层则预测输出概率和坐标。

总结一下，每个单元格需要预测（$B\times5+C$）个值。如果将输入图片划分为 $S\times S$ 网格，那么最终预测值为 $S \times S \times (B*5 + C)$ 大小的张量。

YOLO 采用误差平方和作为损失函数。在输出层 $S \times S$ 个网格中，每个网格输出（$B\times5+C$）维数据，其中包含检测边界框坐标位置信息 $B\times4$ 维，检测边界框置信度 $B\times1$ 维，类别数量 C 维。显然，将 $B\times4$ 维的定位误差、$B\times1$ 维的置信度误差和 C 维的分类误差同等对待是不合理的。另外，图像中存在很多没有物体中心落入的网格，该类网格预测 B 个置信度为 0 检测边界框。通常，这类网格在训练过程中的梯度会远大于包含物体中心的网格的梯度，导致训练不稳定甚至发散。针对这两个问题，YOLO 给定位误差更大的权重，$\lambda_{\mathrm{coord}}=5$，给不包含物体中心的网格的置信度误差更小的权重 $\lambda_{\mathrm{noobj}}=0.5$，分类误差和包含物体中心的网格的置信度误差则保持不变。

关于尺寸与定位误差，检测边界框的尺寸误差比其对母网格的定位误差更敏感。因此，YOLO 用 $\sqrt{w}$ 和 $\sqrt{h}$ 代替 w 和 h。最后，YOLO 规定每个检测边界框只负责框选一个物体。具体做法是计算当前检测边界框与所有参考标准框的 IOU

值，其中最大 IOU 值对应的物体即当前检测边界框负责预测的物体。

为了克服 YOLO v1 检测速度快，但检测精度低的问题，YOLOv2 算法引入 BN（batch normalization）、多尺度训练、锚框机制和细粒度特征等方法对 YOLOv1 算法进行改进，YOLO v3 算法在 YOLO v2 的基础上，采用更好的主干网络、多尺度预测和 9 个锚框进行检测，使得检测算法在保证实时性的同时，精度提高。

5.5.4 YOLO 算法的应用方法

以交通牌检测为例，根据国家交管部门的规定，交通标志分为五类分别为：警告标志、禁令标志、指示标志、指路标志、旅游区标志和其他标志。主要的交通标志为警告、禁令和指示三类如图 5.2 所示。

图 5.2　主要的交通标志

交通标志牌检测流程：首先将图像进行 RGB 转换，根据交通标志牌的颜色将输入图像的颜色空间由 RGB 转换为 HSV 在归一化提取出需要的特征，再输入 YOLO 算法获得输出结果，实现对交通标志牌的检测。

$$H=\begin{cases}0^\circ,\ \Delta=0\\ 60^\circ\times\left(\dfrac{G'-B'}{\Delta}+0\right),\ C_{\max}=R'\\ 60^\circ\times\left(\dfrac{B'-R'}{\Delta}+2\right),\ C_{\max}=G'\\ 60^\circ\times\left(\dfrac{R'-G'}{\Delta}+4\right),\ C_{\max}=B'\end{cases}\tag{5-12}$$

$$S = \begin{cases} 0, & C_{\max} = 0 \\ \dfrac{\Delta}{C_{\max}}, & C_{\max} \neq 0 \end{cases} \tag{5-13}$$

$$V = C_{\max} \tag{5-14}$$

式中 $R' = R/255$，$G' = G/255$，$B' = B/255$，$C_{\max} = \max(R', G', B')$，$C_{\min} = \min(R', G', B')$，$\Delta = C_{\max} - C_{\min}$。在 HSV 颜色空间提取所检测交通标志牌各类的主颜色，分别是蓝色指示标志、黄色警示标志和红色禁止标志，然后规定色彩的范围如下所示：

$$\text{blue:} \begin{cases} 0.56 < H < 0.7 \\ 0.17 < S < 1.0 \\ 0.19 < V < 1.0 \end{cases}$$

$$\text{yellow:} \begin{cases} 0.06 < H < 0.19 \\ 0.17 < S < 1.0 \\ 0.19 < V < 1.0 \end{cases}$$

$$\text{red:} \begin{cases} 0.0 < H < 0.04,\ 0.87 < H < 1.0 \\ 0.17 < S < 1.0 \\ 0.19 < V < 1.0 \end{cases}$$

将 H，S，V 三个分量进行归一化，范围选择［0，1］，在提取完三大类标志牌主颜色后，对获得的图像进行二值化处理，通过计算连通区域，去除掉连通区域较小的区域，获得图像 I_{mage}，同时考虑图像中目标是由远及近的规律，对整幅图像的底边部分（$w \times h/5$）不进行删减处理。

区域的左上点坐标 $U_L = (x_1, y_1)$，其中，$x_1 = \begin{cases} x_{\min}, & x_{\min} < 4h/5 \\ 0, & \text{otherwise} \end{cases}$，$y_1 = y_{\min}$。

右下点坐标：$D_R = (x_2, y_2)$，其中，$x_2 = \begin{cases} x_{\max}, & x_{\max} < 4h/5 \\ h, & \text{otherwise} \end{cases}$，$y_2 = y_{\max}$。

式中 $x_{\min}$ 为 I_{mage} 图像中所有 x 方向上最小值，$x_{\max}$ 为 I_{mage} 图像中所有 x 方向的最大值，$y_{\min}$ 为 I_{mage} 图像中所有 y 方向上最小值，$y_{\max}$ 为 I_{mage} 图像中所有 y 方向上最大值。h 为图像中 x 方向的总长度，最后获得的特征值。

5.5.5 案例分析

交通标志的识别已经成为智能车辆中的一个热门问题，并且已经提出了各种方法来解决这一具有挑战性的任务。这些方法分为两类：经典的方法和基于深度学习的方法。

有许多经典的端到端交通标志识别方法。在这些经典的方法中，选择性搜索被用来获得提议区域，并通过结合人工输入的特征和机器学习算法来实现。最常见的人工输入的特征是 SIFT、HOG、LBP 等。在描述了交通标志后，使用交通标志检测和分类的特征学习分类器进行分类，如支持向量机（SVM）、Boosting、贝叶斯分类器和随机森林分类器等。

近年来，深度学习在大量的应用中取得了突破性的识别精度，如语音识别、图像分类和物体检测。学者们构建了相当多的卷积神经网络，AlexNet 首次在 ILSVRC2010 上取得了图像分类的成功；ResNet 通过增加一个快捷跳转来改进卷积神经网络的结构，并取得了更好的图像分类精度；Inception 卷积神经网络将较大的滤波核改为小滤波核的组合，进一步提高了图像分类的准确性。至于基于深度学习的物体检测，SPPNET 解决了 AlexNet 要求固定输入尺寸的问题；Fast R-CNN 通过选择预设池金字塔来减少选择区域的建议数量，改进了 SPPNET。Faster-RCNN 通过使用 FPN 来选择特征图中的提议区域，实现了良好的检测精度和速度。虽然 SSD 和 YOLO 在一般物体检测中具有更好的检测性能，但通过实验发现，Faster-RCNN 在小物体检测中是更有效的［90］。

5.6 本章小结

本章主要对一些在交通方面使用的算法进行了介绍。对比传统和现存方法，对其优劣做出分析，总结如下：

（1）介绍了 SVM 算法是如何在自动驾驶的过程中进行决策，通过文章可以看出传统机器学习的 SVM 算法可以在自动驾驶中辅助司机进行判断，从而减少事故的发生率；

（2）介绍了基于 RNN 的 LSTM 如何预测城市的交通路况，通过预测交通情况，可以进行调度，从而缓解交通压力，预防交通堵塞的情况发生。

(3) LSTM 在出行需求分析方面的应用，通过预测每个地区的出行需求人数，合理分配网约车的数量，缓解交通压力，更加快速的应答网约车。

(4) 基于 CNN 的 YOLO 算法在驾驶中进行识别，介绍了在自动驾驶过程中如何识别交通信号灯和交通标志牌，介绍了如果在不同的环境下，造成的图像缺失应该怎么识别。

第 6 章　机器学习在制造领域的应用

【内容提示】 本章将从制造业领域方面讲述机器学习的应用。从较为基础的机器学习算法 BP 神经网络在制造业中预测维修方面的应用，逐步过渡到更为深奥的深度学习算法 GoogLeNet 神经网络在表面质量检测的应用。为了优化制造车间的流程人们使用了卷积神经网络来解决这个问题。最后在安全领域，采用深度学习中 YOLOv3 来完成工作期间的安全帽佩戴检测，从计划到安全，机器学习已经融入到了制造业的每一个角落。

6.1　机器学习在制造业领域的应用概述

当现代制造技术开始在整个生产过程中融入机器学习时，预测算法被用来自适应地计划机器维护，而不是按照固定的时间表。而这些也只是机器学习在制造业应用中的冰山一角。

机器学习模型可以应用到企业的几乎所有方面，从市场营销到销售再到维护。在制造业中，物联网的兴起及其带来的前所未有的海量数据，为利用机器学习带来了无数机会。工业机械的计算机化也在迅速地进行。IDC 统计表明，一直到 2021 年，20%的领先制造业公司都将利用嵌入式智能、人工智能、物联网和区块链等新科技实现生产过程智能化，并将执行时间缩短 25%。科学技术发展不断促使着人们生产率的提高，由传统单一的手工制作发展到高度自动化、互联网和智能的机器制作。现在机器学习技术逐年更新，机器学习技术已经融入进了制造业的方方面面，并实现了大量的经济价值。

传统的制造业制造流程主要依赖于成本相对低廉的劳工，并采用大批量生产的方法以得到更高的收益。但是，随着现在的市场变得日益多元化，消费者对商品的要求也日益提高，因此需要厂商具有迅速制造出各种高质量商品的生产能力。工厂机器化和智能化缓解了工厂劳动力不足的重大问题，然而依旧无法达到现如今小批量，个性化生产的要求。实现更高效的机械制造，必须借助物联网、大数据分析和机器学习技术等一系列的科技整合。

对制造企业而言，利用融入了机器学习技术的制造辅助系统来提高产品质量和产量，从而提升工业生产力水平，将成为制造企业向前发展的极其重要的一步。据德勤公司最近的一份研究报告表明，运用机器学习技术可以使工业计划外的停机时间缩短 15%到 30%，生产率增加了 20%，维修成本减少了 30%，产品质量也提升了 35%。

6.2　GA-BP 神经网络应用于预测维修

6.2.1　传统的故障预测存在的问题

随着技术的提升，智慧生产的流行，制造核心装置智能化程度日益提高，产品价格逐年增长，运行状况复杂。经常出现因机械部分零部件没有了原来的工作精度和特性，设备根本无法工作、技术性能下降，进而造成设备中断生产甚至设备报废等现象。

造成机械设备故障的因素有许多，在机械设备运用过程中，因为碰撞、外力、人为操作、使用寿命、化学物质侵蚀等因素，都会导致机械零部件的逐渐损坏和锈蚀。我们所常见的机械设备故障，通常包括如下几种：①损坏性故障；②腐蚀故障；③段列性故障；④衰老性故障。

设备故障的主要体现就是功能异常。例如：开机困难、启动速度缓慢，或者根本无法开机；如，电气设备在运行过程中输出功率不够；电气设备过热高温；燃料、空气的损耗过度等现象。

在传统的故障预测中，设备维修人员往往等设备发生故障后才进行维修，无法准确预测出机械设备的停机时间。在对机械设备的日常保养方面，一般厂家通过定时维修的方法来减少机械设备的故障率，但是由于此类方法准确率相对较低，即便是具备丰富维修经验的机械工程师，通常也是采用猜测的方法来确定机械设备中可能出现的问题。我们主要依据设备故障的外部表现，依靠有经验人员的肉眼观察及工作经验来预测设备损坏状况。这种预测方法准确率低、效率低，检测期间设备停工造成经济损失。因此传统预测手段不但效果不加，人工维护成本还比较高，制造企业一直在寻求更高效更科学的预测手段。

随着机器学习技术的推广与应用，机械设备的维修领域又有了全新的理念，即：可预测性维修，它为现代生产管理提供了极大的便利。为机器设备安装上了许多的电子感应器，可以通过实时监测机器设备的工作状况，从而及时获取机器设备使用的各种监测数据。之后通过使用机器学习算法对数据进行科学的分析，得到管理者想要的预测结果，协助企业管理者在早期就发现了机器设备的问题。同时企业管理者也能够从过去的工作经验中吸取教训，甚至从同类事故中总结出经验来，这也就是机器学习所显示出的重要力量，机器学习能够利用对工业历史大数据分析的认识学习，从而鉴别出在历史数据中重复发生的问题模式并运用到产品判断，这样就能够更加精确地预知工业发展趋势并及时检测产品问题。

6.2.2 应用 GA-BP 神经网络的意义

在制造行业中，折旧是至关重要的成本，而先进的设备价格昂贵，因此，确保合理的资产管理和故障预测对于确保制造部门的可持续性和使用寿命至关重要。但由于厂房中机械设备数量的迅速增长，其机械设备出现故障的问题也越来越突出，所以对故障机械设备的保养就变得越来越关键。而不同能力的修理人员，对各种修理难度设备修理所花费的时间又有所不同。所以，对可能出现故障的机器设备进行修理时间预测，并及时获取反馈信息，就可以为设备耗材准备与人员时间调整等工作提供指导与辅助。

用于数据估计的模型主要有时间序列模型、线性回归模型、灰色模型、神经网络等。由于神经网络拥有优秀的非线性和良好的灵敏度，能够学习并存储大量输入及输出之间的映射关系，而且不要求描述这些映射关系有关的数理方程式，所以在预测模型中使用得较为普遍。而经过遗传算法优化的 GA-BP 神经网络则能够较好的实现这一事件预测。

使用 GA-BP 神经网络估计故障时间可缩短检测问题所需要的时间，从而降低过程中对时间与资金的花费，并降低其中风险。当预测系统发出机器故障信号时，制造企业管理人员应尽快合理安排维修计划，利用好最后的使用寿命。

使用 GA-BP 神经网络进行预测维修可以帮助生产企业实现以下目标：

（1）预防停机：预测设备的故障，从而有助于制造企业在问题出现前及时做出预警。通过预估生产装置故障的可能性，以及优化保养与修理规划，能够最大化利用生产机械的剩余寿命。

（2）提高产品质量：通过预测产品质量问题来提高产品的品质。通过对预测质量的分析，企业能够迅速判断问题的根本原因，以便于采取适当的技术更改措施来排除故障。

（3）提高产量：通过监控整个车间的产品质量要求，就可以确定问题所在并给出能降低生产缺陷和效益下降的关键性对策，来保证产品质量统一性、降低浪费和提升产品质量。

6.2.3　神经网络模型的应用方法

文献［91］针对电力负荷预测方面的问题，提出了一种基于粒子群优化算法，小波变换和神经网络的组合预测模型，来实现对风力发电量的预测。参考文献［92］采用 BP 神经网络预测了电动汽车的剩余电量，但最大预测误差达到了 57%，不能准确预测期望值。参考文献［93］采用 BP 神经网络预测了光伏发电功率，预测的相对误差在 25% ~ 30%。由于 BP 神经网络初始权值和阈值的不同，易导致计算不收敛或陷入局部极值点，从而使得预测误差较大。而通过遗传算法优化 BP 神经网络的初始权值和阈值［94］，可有效避免算法陷入局部极值点，达到提高计算精度的目的。但是，当采用遗传算法优化的神经网络算法（GA-BP）进行预测时，隐含层神经元数的不同会导致预测精度的不同。也就是说，对于不同的神经网络结构，其最佳的隐含层神经元数并不相同，在采用 GA-BP算法时需要知道所用神经网络的最佳隐含层神经元数。当前关于 GA-BP 神经网络中隐含层神经元数的确定并未有明确的计算公式，通常是采用经验公式来确定隐含层神经元数［95］，由于公式建立在经验之上，在不同的神经网络结构间存在一定的局限性，因此，找到最佳的隐含层神经元数对预测精度的提高尤为重要。笔者以某城市的电厂作为研究数据来源，将电厂中每一位维修人员的数据作为样本，如维修技能和对不同机器的维修时间，通过比较多组不同隐藏神经元实验的结果，确定最佳的隐含层神经元数。

之后为了选择最恰当的模型对设备维护时间做出预估，用灰色模型、BP 神经网络、GA-BP 神经网络等模型进行对照试验，最后利用 topN 标准对不同模型预测出的结果进行评估，在相对误差限制在 10%的条件下，用灰色模型、BP 神经网络、GA-BP 神经网络三个预测模型的时间精度分别为 0.1667、0.0833、0.8333，得出了 GA-BP 神经网络具有更高精度的结论。

6.2.4 具体案例分析

随着设备运维模式的迭代，预测性维护被越来越多煤炭企业应用，正在掀起一场行业性变革。作为国内“设备状态监测和故障诊断第一股”，安徽容知日新科技股份有限公司（简称“容知日新”）应用了预测维修技术。

一直以来，我国各级政府部门都十分重视煤矿安全生产管理工作。近年来，政府制定了许多规章制度和优惠政策，着力解决煤矿的安全生产问题。预测性维护能够实现设备故障的提前感知，无疑是安全生产的重要突破口，如图 6.1 所示。

图 6.1 智慧矿山

煤炭企业因其井下生产的特殊性，生产环境具有很大的危险性，设备安全必须做到万无一失。但是，受限于设备运维模式的落后，抽、压、提、排等矿井关键设备发生故障，往往会引发重大安全生产事故。数据显示，有 56%的瓦斯事故是由于排风系统故障所致；有着“矿井咽喉”“矿井生命线”之称的主/辅提升系统和排水系统，一直无法从根本上解决安全隐患。

目前，中国煤炭企业主要通过站点巡检结合维修性保养、定期拆解保养、事后抢修等来排除安全隐患。但对装置的运行状况检测手段仍十分有限，是造成设备故障不可控的主要原因。设备预测性维护则不同，可以通过数据采集、算法模型、大数据分析等技术手段，实现设备状态的在线实时监测。目前，容知日新在线实时监测设备数已超过 60000 台，可提前 3~6 个月感知设备故障。

在煤炭行业中，大型自动化设备被广泛使用，该类机组结构复杂，工作环境较为恶劣，而煤炭生产的特性又决定了对主要设备连续运行的高标准要求。因此，预测性管理可以保证设备平稳工作，同时延长设备的使用寿命，从而帮助企业实现降本增效。

通常来说，一座 1000 万吨级的大型煤矿，假设平均每天产煤量为 3 万吨，如果非计划性停产 1 天，按照 400 元/吨的煤价计算，就会造成 1200 万元的经济损失。应用预测性维护后，能够最大限度地减少非计划性停机，从而避免不必要的损失。同时，预测性维护还能有效解决设备“过修”“欠修”问题，从而优化煤炭企业的备件库存。通常，一座 1000 万吨级的大型煤矿，每年备件库存需要花费上亿元，造成资源配置的浪费。

在经济和市场形势双重压力下，降本增效是煤炭企业必须要面对的课题。从设备端入手，预测性维护为煤炭企业提供了新的降本增效方案。数据显示，预测性维护可使设备非计划生产停机时间下降 20%~35%、设备使用寿命延长 10%~20%、设备运维综合成本降低 20%~40%。

在中国煤炭行业，“少人则安、无人则安”是一个铁律。因此，降低井下工作人员数量是降低人员伤亡、保证安全生产的关键手段。与常见的机器换人相似，预测性维护是把最难的工作交给了数据和智能系统。

2021 年 9 月 18 日 0 时许，陕西省某煤矿职工的手机响起，设备预测性维修系统推送消息表示：“齿轮箱三轴承输出端滚动轴承中期磨损，以轴承滚道孔蚀、剥落等磨损现象为主，并缓慢劣化。”系统给出的检修建议是：关注齿轮箱 3 轴输出端轴承运行异响及温度变化，检查润滑油滤芯是否存在金属碎屑，择机检查轴承损伤情况。

设备有没有隐患？什么时候需要维修？数据都能给出答案。考虑轴承劣化速度缓慢，暂时不影响生产，在设备智能运维系统报警的 10 天后，煤矿工作人员对隐患设备进行停机检修，现场检修结果与系统结论完全一致。而在系统的精准定位下，这次“手术式”检修耗时仅有十多分钟。

这起真实案例充分说明，预测性维护可以极大降低煤炭企业运维人员的工作频次和强度，从而实现无人值守、少人运维的目标。数据显示，预测性维护可让运维人员减少 30%~50%。

当前，在 5G 和工业互联网的加持下，智慧矿山建设已取得较大突破。预测性维护这项成熟应用，重要性得到了充分验证，成为智慧矿山不可或缺的部分。

首先，预测性维护能够为智慧矿山建设提供技术支撑。预测性维护解决了设备管理中信息孤岛、过程数据/基础数据控制不佳、经济成本控制不佳等现实问题，设备在线监测与故障智能诊断系统使用大数据平台、智能算法、人工智能等先进的技术，为煤炭企业建设设备智能化、生产管理智能化、经营管理的智能化提供平台及技术支撑，加快企业向智能化、数字化、自动化的转型升级。

同时，生产装置工作时间、操作效能、效益、停工时间等重要数据，也可以直接或间接地对企业的生产管理工作起着辅助作用，而通过在线监控装置的工作状况也可获得产品效率变化趋势，为企业制定月度、季度、年度的生产计划提供有利的真实的数据支撑，从而有效避免产能过剩引起的资源浪费。

6.3 利用 GoogLeNet 深度神经网络进行表面质量检测

6.3.1 传统的质量检测存在的问题

商品质量是公司品质和市场竞争力的关键，而机器学习也能够协助公司取得更多的优势。传统的检查方式通常都是等产品制造完工之后再去作质量检验，因为这就意味着不合格的商品将需要回收甚至报废，工厂所耗费的不仅仅是时间，还要承受损失风险。

例如，印制流程经常遭受高温、潮湿、机械精度、机械设备运行等多方面影响，印制品品质达不到一定要求，这就必须对印制品全过程实施检测管理。印刷品中常会存在着这种或那种质量问题，目前常用的印刷品问题一般有：漏印、飞墨、偏色、黑斑、刮擦、套印不齐等。但由于个人受本身要求的影响，并无法进行质量即时监测，所以构建起高效的自动印刷品质量监测技术就非常关键。

机器学习解决方案将给传统生产测试体系带来重大变革，也就是说在最理想的状况下，传统的生产检测体系将在未来被全面地替代。也因此，机器学习算法将能够支持企业在整个制造流程中进行测试并管理产品品质。即在每一制造环节中，都能确保工人能够顺利制造出合格的部件。而由于测量技术和检测准确度的提高，使人们已经能够从整个制造流程中检测铸件气孔等复杂部件，软件也已经能够在整个制造流程中预测产品的质量。更有意思的是，自学习算法不但报告预定义错误，还可以发现若干未知的问题。

6.3.2　应用 GoogLeNet 深度神经网络的意义

21 世纪以来，在网络、移动通信、电子行业，以及钢铁制造等新产业领域蓬勃发展，市场对产品质量提出了更严格要求。然而，现阶段部分汽车制造公司针对产品表面质量检查仍在推行人工检验方法，工作效率不够、差错率偏高，对产品质量升级也带来了影响。另外，有些公司即便设置有专业的表面检测流程，但是该部分检测体系在普遍性、灵敏度等几个主要方面并不能让人满足。所以，推进机器学习技术与表面检测技术的融合，对提高产品质量、满足市场要求等均可起到十分重要的作用。

传统的机器学习方式主要包括以下两个过程：首先获得图像的若干特性，这样每张图像就能够用同一种特征矢量来表示；接着使用分类算法，将这些特征矢量加以分组。而卷积计算神经网络（CNN）与传统机器学习方式主要的优点在于不要求人工设计特性，也不要求阈值，全部的建模参数都是经过样本集训得出。卷积神经网络能够实时提供图像，并且获得辨识结论。文献［96］用卷积神经网络（3 层神经网络）对钢板片开展表面问题辨识培训，测量了各种类型的样品集图像体积对培训准确度的影响，结论认为较小的图像尺寸培训准确度更高。文献［97］构建了一种 CNN（14 层神经网络）用于鉴别钢带表面缺陷。

GoogLeNet［98］是一种里程碑的新模式，在 GoogLeNet 以前，研究者堆积多个 CNN 层，并希望达到更好的效率，这就导致建模的参数数量众多。因此

GoogLeNet 为减小模型的规模，使用了一个新的拓扑机构，从原来的堆积多个卷积改为并行数个小卷积，再将每一个卷积的输出结果进行拼接，这样不但得到了不错的图像表现，也解决了参数数量过多的问题。

6.3.3 GoogLeNet 深度神经网络的简单介绍

GoogleNet 是 2014 年 ILSVRC 的冠军模型，它不同于 VGG 一般，继承了以前 LenNet 和 AlexNet 的框架，而是采用了一种从未出现的新框架。GoogleNet 虽然有 22 层，但是参数量只有 AlexNet 的 1/12。

在一般情况下，增加网络模型的深度和广度是获得高质量模型最常用的手段，但是往往会不可避免地出现如下一些问题：

（1）参数数量过多，出现过拟合现象，如果训练数据过小，这个问题将更加严重。

（2）网络越大计算复杂度越大，难以应用。

（3）网络越深，容易出现梯度消失问题。

综上所述，增加网络模型的深度和广度会增加大量运算，增加运算时间，产生过拟合。GoogleNet 所给出的解决办法是将全连接层，甚至一般的卷积结构都转换为稀疏连接，而 GoogleNet 为保证神经网络架构的高稀疏特性，并可充分利用密集矩阵的高运算特性，提供了名为 Inception 的模块化架构，来达到其目的。依据也就是大部分文章中都指出的，必须将稀疏矩阵聚类为更加紧密的子矩阵，才能改善运算特性。

GoogleNet 网络中的亮点如下：

（1）引入了 Inception 结构。

（2）使用 1×1 的卷积核实现降维，映射处理。

（3）添加两个辅助分类器帮助训练。

（4）使用平均池化层代替全连接层。

Inception 结构如图 6.2 所示。

其中，左边是 Inception 原始结构，右边是 Inception 加上降维功能的结构。

Inception 原始结构中有 4 个分支，输入特征矩阵之后，它们将通过四个分支各得到一个输出结果，最后在同一维度中，将输出结果进行拼接，得到最终的结

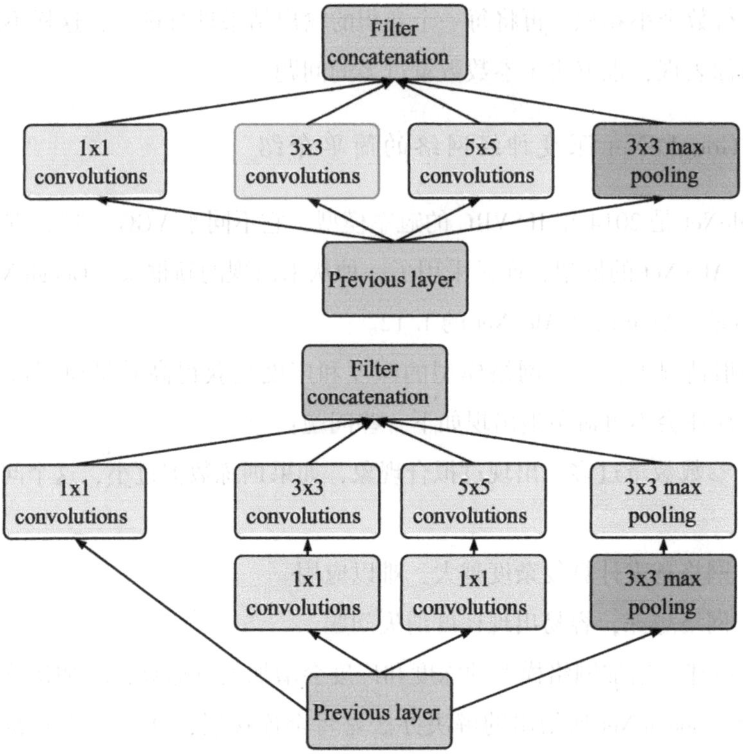

图 6.2　Inception 结构图

果。为了让四个输出结果可以进行拼接，要求输出的多个结果的特征矩阵结构完全相同，即矩阵高度宽度相同。分支一、二、三分别是是卷积核大小为 1×1、3×3 和 5×5，分支四是在池化内核大小是 3×3 的最大池化下采样。

Inception 加上降维功能的结构中，为了进行降维处理和减少模型参数减少过拟合，在 3×3、5×5 的卷积层和 3×3 的最大池化下采样部分增加了卷积核为 1×1 的卷积层，同时也减少了运算量。

接着下来就看辅助划分器构造，网络中的两种辅助工具划分器构造都是相同的，如图 6.3 所示。

两个辅助分类器的输入来自两个不同 Inception。辅助分类器的结构如下：

(1) 第一层是一个平均池化下采样层，池化核大小为 5×5，stride = 3。

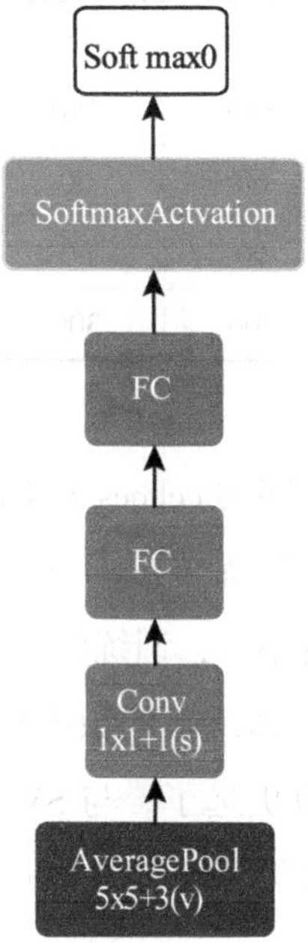

图 6.3　辅助分类器结构图

（2）第二层是卷积层，卷积核大小为 1×1，stride = 1，卷积核个数是 128。

（3）第三层是全连接层，节点个数是 1024。

（4）第四层是全连接层，节点个数是 1000。

6.3.4　深度神经网络的应用方法

把图片根据表面的六种缺陷划分为：鳞片（rolled-in scale），斑块（patches），龟裂（crazing），点蚀（pitted surface），夹杂物（inclusion），划痕（scratches）。数据集一共包括了 1800 张图像大小为（200×200）的照片（每种缺陷 300 张），将数据集分类分别进行训练、验证和测试三个步骤，通过训练得到神经网络的参数，验证部分用于训练过程中检验神经网络的识别准确度，测试部分用于训练结束后的识别准确度测试［99］。

各训练集划分情况如表 6.1 所示。

表 6.1　**训练集分布情况**

类别	鳞片	斑点	龟裂	点蚀	夹杂物	划痕	子集总数
训练子集	180	180	180	180	180	180	1080
验证子集	60	60	60	60	60	60	360
测试子集	60	60	60	60	60	60	360
样本总数	300	300	300	300	300	300	1800

使用对照实验，设置多组不同的 echoes 和 batch 观察结果的差异，发现 batch 参数的不同会较大地影响实验的训练结果。当 batch 不同时发现训练结果的损失函数变化巨大，当此参数数值越小时，训练的稳定性越差。

观察训练前后的样本情况，训练后的数据样本比训练前的训练样本更加聚集，不同分类样本相隔的距离也更远了。与 SVM、CNN 等使用较为广泛的算法相比，如表 6.2 所示。GooLeNet 算法的识别率最高，说明了此算法十分适合制造业产品表面质量检测。

表 6.2　**与其他方法比较**

方法	SVM	CNN	GoogLeNet
识别率	98.87	99.0	99.8

6.3.5　成功案例分析

1. H 型钢表面检测系统（见图 6.4）

2021 年，河北鑫达集团根据国家钢铁产业政策，为构建一流精钢品牌成立型钢厂，集团紧跟智能制造潮流，与国家重点高新技术企业湖南镭目科技有限公司合作，引进了型钢表面检测系统，对型钢表面质量进行严格把关，进一步提高了型钢品质。H 型钢的表层瑕疵与缺陷都影响了商品自身的品质，而怎样对表层瑕疵实行品质管理也始终是公司所遇到的大问题，因为传统的人工检查费用高

图 6.4 钢面检测系统

昂，已经难以适应高速的生产节奏，并且容易出现瑕疵漏检等弊端。为做好“面子工程”，借着集团大力发展智能制造的东风，河北鑫达钢铁集团有限公司型钢厂引进了 H 型钢表面检测系统。

此系统包括了桥型钢构支架、图象采集部分（相机及光源）、传输控制系统和图像控制系统以及缺陷辨识单元等。运用小孔图形原理，利用机器视觉、机器学习、模式识别等技术，在线上提取变形钢表面图形，并通过技术手段将其数字化，送入网络后台算法库，完善表面缺陷信息库，形成了不同的钢种标准表面缺陷图库，以便于实时找到被检出物的表面缺陷并定位、分类、评级（严重程度）、存储信息、报警，从而帮助工艺技术人员及时发现表面缺陷形成的原因，高效地监测各装置的性能，从而达到了表面质量评价自动化，减少了因表面缺陷而引起的损失。

2. 南钢热轧钢板表面质量检测与识别系统

南钢热轧钢板表面质量检测与识别系统，由金恒科技与中厚板卷厂联合攻关 20 个月，其中经过 4 个多月的算法优化和数据实测，系统的平均检出率超过 98%、准确率超过 90%，项目于 2020 年 12 月中旬通过验收。

南钢勇闯热轧表检的行业无人区，以人工智能赋能热轧钢板表面质量识别的痛点难点，让产品表面质量缺陷“无处遁逃”，大幅提升质检效率，减少产品质量异议，并克服了人工检测过程中存在的漏检率高及产品质量依赖于质检员经验等问题。

在南钢中厚板卷厂生产线上，热轧钢板表面质量检测与识别系统犹如一座长方形蓝色“小房子”，坐落于定尺剪后方。冒着热气的钢板有序通过“小房子”下方，通过采集的实时图像对钢板的表面质量进行快速识别、定位和分类，质检员远程确认后钢板即可“通关”，犹如给钢板在线做了个“CT”，产品表面质量一览无遗。

热轧钢板的表面检测智能化属于行业难题，在全国尚无成熟案例。作为国际一流的精品中厚板基地，南钢近年来勇蹚多个数字化转型“深水区”。2020 年 3 月，热轧钢板表面质量检测与识别系统作为公司级重大科创项目在南钢正式立项。

项目实施过程中，缺陷样本量不足、同类缺陷形态差异大、不同类缺陷形态相似、氧化铁皮、水滴、油污等误报、系统集成难度大等难题层出不穷。金恒科技与南钢中厚板卷厂联合团队全力协同，迎难而上。项目团队通过样本学习、数据模拟生成等多种方式进行多轮算法攻坚，持续提升系统指标。共收集约 40 万块钢板图片，标注图片近 10 万张，开发配套功能与报表十余种，为提高缺陷识别的准确率和系统整体稳定运行奠定了坚实基础。

热轧钢板表面缺陷检测与识别系统上线运行后，可以实现 24 小时实时检测，图片信息与钢板信息一一对应，检测图片可存储便于追溯。后期实现钢板质量检测的闭环管理，为生产、决策提供可靠的质量数据，助力南钢产品核心竞争力提升及数智化转型升级。

6.4　基于 CNN 的物联网车间生产流程优化

6.4.1　传统的车间生产流程计划中存在的问题

伴随产品市场的蓬勃发展，国际竞争也日趋激烈，公司的环境也不断发生变化，对公司的应变技巧提高出了越来越高的要求。企业要想生存和发展，必须加强和改善内部的管理，充分挖掘内部潜力以提高经济效益。而这种加强与改善的着重点，首先应放在直接生产产品的车间生产现场。

自 20 世纪 60 年代以来，西方主要工业发达国家普遍对生产管理给予高度的重视，企业管理的重心，从以物为主的管理转到以人为中心的管理，把企业职工看成企业管理的主体，通过激励机制来实现主体行为的自我控制和创造，取得了提高劳动生产率的明显效果。美国管理学家在评价日本国民经济发展过程时说："日本所以能成为世界第一流的公司，关键就是对企业生产现场人员的严格组织和每位员工的精神劳动热情及巨大的创造性。"而根据日本人自身的观点：一是对企业生产现场人员实行了有效的科学管理，以最大限度地减少了无效劳动时间和各种损失；二是全员参与的全方位品质管理体系，确保了服务质量的高标准。

在中国传统工艺流程当中，生产管理主要是通过生产任务分配生产需要的人员、机械设备和原材料等资源，在制造环节当中，主要根据制造顺序推进生产流程，而对于工艺调度的环节，则主要依靠员工的生产管理经验来进行决策，决策的智能性与精确度都严重不足。这将使生产效率显著下降，并极大耗费了工厂的人力和物资，提高了生产成本，造成了无效劳动，使得工厂在市场竞争中在一开始就落后与其他竞争对手。

6.4.2 CNN 应用的意义

企业在国内外的市场竞争中，必须有精良的产品，低廉的产品价格，有效的交货期以及完善的服务。这要靠现场管理来保证。只有现场管理水平高，才能应付自如。许多外商在与企业签约前，除听企业介绍情况外，都要到生产现场进行考察，以此确认产品质量的可靠性。现场管理必须适应技术进步的要求。当前中国科技已高度发达，社会生产与科技创新的速度也日益提高，产品社会化程度日趋增强。产品更新了，设备改造了，工艺水平提高了，如果没有先进的现场管理，就很难充分发挥技术工艺的作用。

随着智能制造的新概念提出，并有机融合了互联网技术，把物联网技术运用于对智能厂房生产的监测，从而能够通过监测和收集实际制造过程数据，从而运用机器学习技术来为智能厂房制造流程的优化做出重要决定，这些方法都大大提高了生产过程优化有效性和精确度。同时，通过对车间的机器设备、资源、人力以及生产工艺环节等监控，就可以更加准确地了解车间的实际生产状态，从而依据生产状态变化以及新的任务适时地调节车间生产状况，这样就可以在高效完成任务的同时最大限度地降低成本。但对于工厂在整个生产过程中，所需的机器设备、材料、人力等调度分配也同样是个复杂问题，而且针对该问题还必须采用滚动的任务来优化整个车间工艺流程，所以对于整个生产流程的优化也可考虑采用机器学习方法来进行。

神经网络作为当前机器学习领域的关键之一被各领域所普遍采用，当前最流行的是卷积神经网络（CNN）。根据在物联网上检测到的数据，构建了产品流程优化目标函数。创建一个最小化完工时间和最小化成本的双目标函数系统，将检测到的实时工业生产数据样本，再通过卷积神经网络对数据样本进行训练，得到双目标函数的最优参数，最后计算以减少完工时间和最小化成本。利用最小化完工时间和最小化成本二维可视化技术，可得到工业生产过程的最优预测值，通过 CNN 得到最优的生产流程安排，提高了生产流程计划的实用性和科学性，使工厂生产更加顺利高效地进行。

6.4.3　CNN 的应用方法

为检验由卷积神经网络与智能车间通过物联网监控的生产流程及其优化特性，对某电子元件制造企业的生产车间进行了实际模拟。将企业一周的生产流程产生的数据作为数据集，通过 RFID 技术对生产线上的机械装置和员工收集数据，并在产品生产环节中采用扫码枪等设备收集产品生产过程情况。根据物联网数据共获得四组数据集，首先进行对四组数据集中的卷积计算网络训练，通过差异化设置卷积计算的核心尺度，分别检验在各种卷积计算核心尺度下的生产过程优化特性，然后对进行生产过程优化的另外三种常见算法进行模拟比较，综合检验四种算法对四组数据集中的生产优化特性。

经过对比实验发现当卷积核尺度增大时，4 个不同数据集的成本略微减少，当其中尺寸均为 4×4 时，即可达到最低成本，但经过对比后表明，从成本的均值出发，几种不同卷积尺度的成本差别微乎其微。综合来看，卷积计算核尺寸对设备完工时的影响特性比较突出，对生产影响敏感度较低，因此当对该生产车间进行工艺流程优化设计时，可考虑选用 2×2 卷积计算核心。

图 6.5 面对常见的优化算法进行了优化与性能对比，并分别采用神经网络（NN）算法、粒子群（PSO）算法、遗传算法（GA）和卷积式神经网络（CNN）算法方法，实验结果见图 6.5［99］。

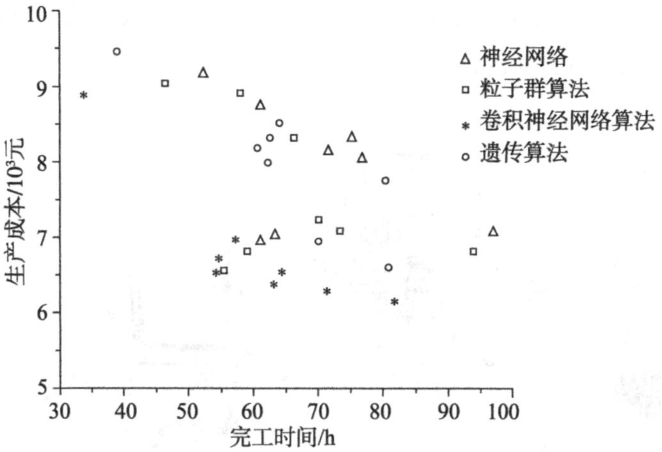

图 6.5　不同算法的优化性能可视化

从图 6.5 中能够很明显地看出四种算法对数据集的完成时间和成本优化特性。其中，CNN 算法得到了平衡最优预计的任务成本和平均完工时间，PSO 算法所得到的最佳点值与 CNN 算法十分相似，两种算法对该算法的适应性都较好，但 CNN 算法优化性能略好于 PSO 算法。

6.4.4 具体案例分析

2020 年复工复产以来，盐城经济技术开发区的不少公司都充分运用了机器学习技术，通过智能机器人、机械手臂和智慧车间管理等无人化方式，有效减少了员工的聚集，不仅可以防治疫病，还能保障稳定生产。

疫情大爆发以来，智慧生产设备在企业的抵御疫病和复工复产过程中起到了“救火队”“稳定器”等关键作用。2021 年，由江苏鸿佳电子技术公司最近进行的智能化厂房工程项目，也正在投用。与以往一样，全新的生产线流程把传统的人工规划变成了机器自主规划，工作效率提升了 30%。由于“机器换人”，在

2021 年二十余名外省人员尚未返岗的情形下，公司仍然可以正常有序组织生产。

盐城阿特斯太阳能技术公司的制造厂房里，各种智能化机器人正有条不紊地工作，近些年，阿特斯公司积极推动智慧生产，并积极引入了智能化机器人、视觉质量监测系统、ERP 智能管理、MES 管理系统等，以进行生产、品质、能效等的实时监测，并进行了智能生产流程优化，人均生产效能较同行业内其他公司提高近 30%，如图 6.6 所示。

图 6.6　智能车间

在上海福汇的制造车间，公司将新引入的新染缸用水量由 100 吨降至 65 吨，制造成本大幅降低。凭借经过优化过的工艺流程实施生产，产品效益大大提高，使企业成功地与 MUJI、优衣库、小安踏车等国际知名品牌的成品供应商进行了商业合作。疫情期间，公司的产量非但没减少反倒上升，根据企业统计全年收入超过 10 亿元。通过与机器学习等新技术的融合，传统劳动密集企业最终改头换面，实现了减少无用劳动力、提升质量、增加生产效率的目标，智能制造已经成为制造业更进一步发展的阶梯。

如今，这个无人化、自动化、信息化的智慧厂房，在该区已获得了广泛运用。为促进中小企业顺利技改，全区政府积极落实政策和支持优惠政策，从资本、人力、资金等方面予以中小企业的精准帮扶；同时坚持不断提升区政府公共服务效能，为中小企业发展壮大营造了优良的营商环境，积极培植示范智慧厂房，全力提高了全区制造业的总体技术水平，着力促进智慧制造业健康、有序地发展。

2020 年以来，全区已先后开展摩比斯全工厂生产线技术改造、鸿佳 SMT 全智能厂房技改等千万元以上技术改造项目共 28 个，给该区的经济社会高质量发展带来了巨大动力。

6.5 基于 YOLOv3 的安全帽佩戴检测

6.5.1 传统的人工安全帽佩戴检查存在的问题

2019 年 1 月 12 日 16 时 30 分许，陕西神木市百吉矿业李家沟煤矿井上井下突发事件。当时本班进井采矿者共 87 人，事件发生后 66 人全部安全升井，但 21 人仍被困。截止目前，在被困的 21 人中已证实全部死亡。在建筑工地、煤炭、冶金、石油化工等最容易有坠落物的作业区域，安全排在了首位。一旦工作安全得不到有效保障，不但会出现人员伤亡事故和财产损失，连正常的作业秩序也无法保证，所以在建筑施工和矿井等工作范围内，就一定要戴上安全帽。

20 世纪初期，由于防护帽首次进入了施工行业，钢厂工人每年因事故而遇难的数量也首次降到了 25‰以下，故防护帽的佩戴可以减少施工行业的危险性是毋容置疑的。在实际工作中，工程工作者一般采用加强的安全培训的方式来减少因重大安全事故而产生的伤亡。但是，由于工程中各种活动间的相互作用以及建筑施工环境的动态性，使得建筑施工现场中含有大量尚未检出或尚未评估过的危险物质而无法被人所认识，并及时共享。所以，防护帽作为一个高效的安全保护装置，能够抵挡高坠落物的撞击，降低头部震击损伤，还能够降低触电风险，因此被广泛应用于施工现场。但是因为部分施工人员的不安全行为，比如在户外高温气候条件下高空作业时，部分施工人员会产生侥幸心理而不按时配戴保护帽。

然而，即使施工单位定期开展安全教育工作，总有心存侥幸者出于各种各样原因理由而无法确保时时戴上安全帽。如果不戴安全帽，当物体打击、碰撞、高空坠物等正对头部时，轻则受伤，重则丢掉性命，施工过程中由于未佩戴安全帽有关的安全生产事故屡屡皆是。现在不少地区仍然采用人工盯梢的方法，用眼睛通过监测系统或者现场查看有无劳动者不戴安全帽的情形，而监督工作人员却不能够用 7×24 小时全天候盯着，这就必须通过现代科技手段来进行监管。面对人工智能技术的日渐成熟，安全帽佩戴检测解决方案无疑是危险施工现场的标配。

6.5.2　应用 YOLOv3 的意义

在传统目标检测中，特征需要研发人员设计实现，这种特征设计方法会造成实验的准确率降低。近些年，研究人员渐渐开始注意到深度学习在提取图像特征时的优势，因此，一系列基于深度学习的目标检测算法被人们提出。Girshick 等［100］在 2014 年使用候选区域+CNN 代替传统目标检测使用的滑动窗口+手工设计特征，设计了区域卷积神经网络（R-CNN），在 VOC2012 数据集上，将目标检测的平均准确度（mAP）提升了 30%，达到 53.3%。Girshick［101］和 Ren［102］等分别提出了快速区域卷积神经网络（Fast R-CNN）和超快区域卷积神经网络（Faster R-CNN），不仅提高了准确率，还增加了检测速度，帧速率可以达到 5f/s。2015 年，Redmon J 等［103］5 提出了 YOLO 检测算法，该算法达到了可以检测视频的速度（45 f/s）。2016 年，W Liu 等人［104］提出了 SSD（Single ShotMultiBox Detector）检测算法，该算法在检测精度和检测时间上均取得了良好的效果，与此同时，在 YOLO 基础上，Redmon［105］又相继提出了 YOLOv2 和 YOLOv3 间检测算法，其中 YOLOv3 的检测效果更好，在 COCO 数据集上实现了在 51 ms 时间内 mAP 达到 57.9%的效果，与 RetinaNet 在 198 ms 内 mAP 达到 57.5%效果相当，性能相似但速度快 3.8 倍，由此可见，YOLOv3 在目标检测领域，能够同时保证准确率和检测速率，取得较好的检测效果。

YOLO 网络有两大优点：（1）运算速度极快，超过大多数深度网络，为现实应用提供了实时性。（2）YOLO 网络在计算机出现异常危险的情况下，训练结果可以保持较高的准确率。

基于上述的两个优点，YOLO 网络十分适合应用于制造业生产制造，YOLO 网络因为与制造业优秀的相匹配性被制造业科研人员深入研究，陆续推出了一批更加优秀的网络。YOLOv3 网络是 YOLO 网络作者根据初代 YOLO 网络，经过数次改良的产物，具有更好的性能。

6.5.3 YOLOv3 的应用方法

在安全帽佩戴检测实验之前，先进行数据集准备，使用 lableImg 工具将数据集标定为三类，即 A 类、B 类、C 类。A 类表示人体上半身，B 类表示正确佩戴安全帽的头像，C 类表示没有佩戴安全帽的头像。将标定好的数据集在服务器上，使用上述方式对 YOLOv3 网络进行训练，最后得到该网络的模型参数。试验阶段，每隔时间 N 秒从视频图像中取待测图像，对待测图像进行预处理，转换待测图像数据格式以及调整图像尺寸；然后将预处理好的图像载入已经训练好的 YOLO 模型中，模型输出 A 类、B 类、C 类。A 类记作 A_n， B 类记作 B_n， C 类记作 c_n。其中 n 为检测到各个类别的个数，$n=1, 2, \cdots, N$。算法流程如图 6.7 所示。

试验使用 360 个样本数据作为反向传播迁移学习的训练数据。数据样本采用相同格式，相同大小。将标记好的数据集在服务器上使用 YOLOv3 网络进行训练，最后得到该网络的模型参数。将 105 个样本图像输入训练好的模型，进行对场景类别和目标位置的预测。当 YOLO 神经网络预测的目标边界框与手工标定的边界框相交，并比 u 大于等于 0.5 时，则任务预测成功。本试验采用准确率、召回率作为评价标准。

试验共进行了 2500 次训练，每次投入网络图片的数量 BATCH_SIZE 为 8。随着训练轮数的增加，预测类别和真实类别、预测尺寸和真实尺寸的损失值都在逐渐减小。

6.5.4 具体案例分析

安全帽识别系统自上市以来，就深受许多生产作业厂家的青睐。安全帽识别系统的主要目的是为确保生产作业人员时刻依法佩戴防护帽，它通过利用分析作业区内所有摄像机收集的视频流，并结合人工智能技术，代替了人眼“找出”未佩戴防护帽子的人员违法情况。该系统代替了以往依靠人工查看监视的工作形式，有效节约了人力资源，24 小时内无死角不间断地对工作区域实施监测，有效保证了生产作业的顺利实施。

以下介绍重庆某工地使用安全帽识别系统成功防范重大安全事故的例子。

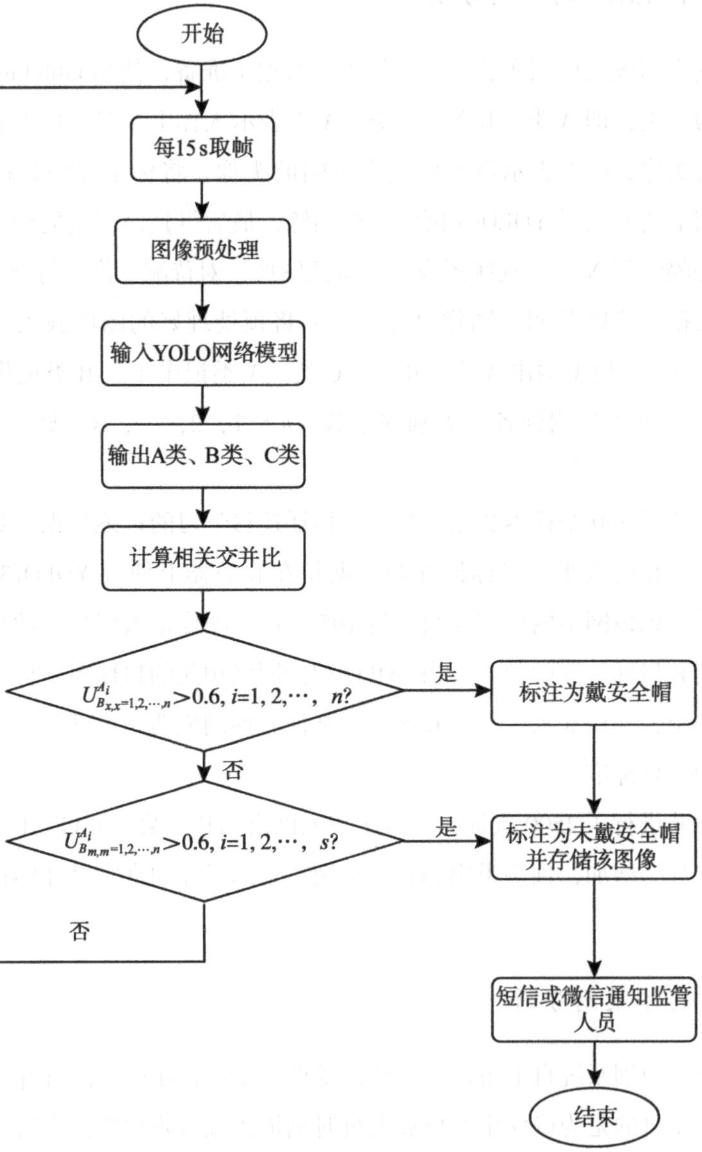

图 6.7　YOLOv3 算法流程

该建筑物周围土地面积为 10.3615 亩。通过气球机巡回的方法实施监控，范围内所有建筑物结构混杂，有大量钢筋材料，围护的砖墙，树条，建筑垃圾等，工作人员或聚集或分散地到这里开展作业。这些情况下，通过人工监控是否佩戴护帽十分麻烦，所以施单位于 2018 年开始接入护帽识别系统，如图 6.8 所示。从系统接入开始，工作前期工人每天都可以抓拍到未佩戴护帽的，照片张数也从 29~110 张不等，这表明工作人员中仍然有着很多的侥幸心理的存在。后来安全员们以此为基础，对未佩戴护帽的员工重点开展了安全教育，甚至还对被抓拍多次的员工实施了处罚，此后，员工的护帽佩戴状况才大有好转。

图 6.8　安全帽佩戴检测系统

在此次案例中，安全帽标识管理系统运用了最新的人工智能技术，结合现有设备，极大提升了现场施工的安全保护水平。在使用过程中，哪些人没有佩戴防护帽，哪个地区发生不佩戴防护帽的状况比较多，什么时候要重点监测，或者什么人安全意识比较薄弱，安全帽识别系统都提供了数据化的回答。

安全生产并不是一个口头禅，而是要求职工们时时刻刻记在心头。也只有通过保护帽识别系统，它才能时时刻刻给人们这种保护感觉，它不知疲倦，铁面无私，是安全生产作业中良好的合作伙伴。

6.6　本章小结

本章主要讲述了机器学习在制造业领域的运用。机器学习在制造业领域的融合趋势越发普遍，无论是在传统制造产业，还是在新兴制造产业，机器学习技术及产品均得到了不同程度的应用。如对前文中所提及的重要设备的及时预测与维修，并适时发布预警，及时指导维修人员，以增强生产控制系统的稳定性，并有效缩短停机时限。

机器学习融入工业的最根本目的就是提高质量和效益，从而降低劳动成本。要想切实实现这一个目标制造企业就必须明确地意识到，机器学习只能是一个工具或方式，企业的实质是制造业+机器学习，而不是机器学习+制造，生产制造才是制造业的根本核心。但一定要根据制造企业自身实际情况来选择适合自身的技术，使机器学习技术创造最大的效能，为企业创造最大的价值。在机器学习的应用实践过程中，制造企业必须先做好数据的采集和积累，以及机器学习人才的培养，对企业历年来积累的专业领域知识进行梳理，并结合现有的软硬件基础，分析机器学习技术怎么用、如何用好的问题，只有这样，才能真正用好并激发出机器学习技术的效能。

第7章 机器学习在医疗领域的应用

【内容提示】本章讲述机器学习技术在医疗领域的应用。从流行的集成学习LightGBM算法开始，举例说明传统机器学习算法在糖尿病检测中的效果。然后由机器学习过渡到简单的深度学习——卷积神经网络，阐述计算机视觉在医学影像方面的重要性。接着引入更高阶的深度强化学习，以达·芬奇手术机器人的临床应用为实例进行讲解。最后以机器学习中的数据安全技术——联邦学习收尾。

7.1 机器学习在医疗领域的应用概述

如今，有大数据的地方，就有机器学习技术。信息化时代的医疗数据，都能够存在数据库中，医院每天都在存档来来往往的病人就诊记录，随着时间的积累，记录的医疗数据越来越多，这些医疗数据的使用价值逐渐引起研究者们的重视，从医疗数据中探寻各种疾病的规律，从而对症下药，及早防治。当机器学习和深度学习涉足这一领域后，数据的自动化记录，分析甚至预测都会变得更有实践意义和现实意义，机器学习与医学的结合将会推动医疗系统更加健全，医疗设备更加精细，医疗诊断更加准确，诊断效率进一步提高。

医疗数据的价值利用存在着机遇，同时也存在着挑战。目前，许多优秀的学者已经使用机器学习方法成功地解决了一些医学方面的难题，或者提出了更为先进的诊断方法，或者辅助医生进行诊断，或者提供个性化医疗等，极大地提高医生就诊效率和准确率，推动医疗事业更先进地发展。

传统的机器学习方法更多地善于解决结构化数据的问题，但是在医学方面，数据更多地来源于图像、文本等非结构化数据，因此，机器学习在涉足医疗领域的前期，并没有表现出突出的性能，一度使研究者们陷入低迷。但是近些年来，快速发展的深度学习给医疗领域带来了希望，作为机器学习的一个分支，它以深度神经网络为架构，主要解决图像、视频、文本及音频等非结构化数据的问题。如今，深度学习广泛应用于医学影像、电子病历、疾病检测、健康管理等各个领域，成为医学领域机器学习的首选技术。深度学习在医学领域能够发挥更大的价值，医学领域的研究同样也离不开深度学习。

接下来，本章将围绕着医学领域的机器学习技术作更详细的介绍。

7.2　基于 LightGBM 算法的糖尿病预测与分析

7.2.1　机器学习在糖尿病预测中的研究现状

众所周知，糖尿病是目前最常见的严重影响人类寿命的慢性疾病之一。目前，对于糖尿病的诊断，主要依据医疗设备的检测指标和自身经验，患者通常具有相似的特征，医生以此作为诊断的主要依据，对患者进行诊治。但医生并不能接触到所有的患者病况，也无法掌握全部的患病实例，因此，在实际诊断过程中往往会出现一些诊断误差。而且，如今医疗数据形式多种多样，患病特征差异逐渐缩小，糖尿病所引发的新并发症偶有出现，面对日益上升的糖尿病患病率，传统诊断方法的准确率已经无法满足当前社会所要求的高准确率。将智能分析引入到糖尿病检测当中，充分利用机器学习算法提高糖尿病预测模型的性能表现以及模型的可解释性，对于辅助医生进行糖尿病诊断工作具有重要的现实意义。

近年来，随着信息科技化的不断发展，国内外学者致力于利用机器学习算法辅助医疗诊断，对糖尿病预测研究方面进行深入探索，已有不少这方面的机器学习研究工作分别在皮马印第安人糖尿病数据集、加拿大保健预防监测中心等数据集上建立了预测模型，例如基于支持向量机、随机森林、Xgboost、深度神经网络等的机器学习模型。

在研究初期，Annia 等人提出了基于支持向量机（Support Vector Machines，SVM）的预测模型，使用 Pima 数据集对糖尿病诊断结果进行验证，准确率达到 78%，类似的传统机器学习算法，如决策树，随机森林等，分别能达到 74.8%和 79.5%的准确率。当集成学习开始流行后，Xgboost，Adaboost，随机森林等算法模型，在糖尿病预测领域表现出比较明显的优势，预测的准确率可以达到83%左右。深度学习的概念被提出后，Ashiquzzaman 等人使用深度神经网络（Deep Neural Networks，DNN）进行训练之后，有了较大的突破，准确率提升至88.41%。后续也有许多在其他数据集上面的研究，大多使用集成算法或深度学习算法进行学习，准确率，精确率等指标已经上升到90%。

如今已有各类糖尿病检测系统上线投入使用，大多数系统的目标是早期风险检测，使用机器学习技术，通过学习患者的医疗数据资料来预测糖尿病的发病风险，给使用者发布患病预警及参考建议，有效预防糖尿病及其并发症，降低患病率。也有少数系统的目标是寻找影响因素，找出关键的病因，辅助医生做出相应的治疗方案。无论是基于哪种目的，各类检测系统都促进了糖尿病的医疗诊断，提高了社会群众的健康水平，减少了患者的医疗负担和发病痛苦。

7.2.2 LightGBM 算法的简介

随着大数据分析时代的来临，GBDT 也正对着全新的挑战，尤其是在精度与效果之间的取舍方面。传统的 GBDT 在每一个迭代的时候，都必须多次遍历整个训练数据，并计算每个可能的分割点的信息增益。这样下来，它的运算复杂度就将与特征数和实例数成正比了，导致这些实现在处理大数据时都十分耗时，特别针对工业级海量的数据处理。为了解决这个问题，微软亚洲研究院提出了 LightGBM 算法是将海量数据利用直方图算法进行变换，减小计算复杂度，使其能够满足工业实践的需求。

LightGBM（Light Gradient Boosting Machine，轻量级梯度提升树）是一种基于决策树的梯度提升框架，相较于现有的集成算法 Boosting 在模型的精度表现和运算速度上都有较大的提升，目前被广泛地应用到排序、分类等多种机器学习任务中，且表现优异。接下来，本节从以下几个方面对 LightGBM 的重要部分进行介绍。

1. 直方图算法

LightGBM 使用直方图算法将特征值转变为 bin 值。直方图算法（Histogram algorithm）的原理，就是将每个特征的连续值离散化成 k 个连续的区间，然后对每个区间的特征值进行梯度累加和个数计算，特征对应的区间分布称为分桶(bins)，最后从全局的 bins 出发，寻找最优切分点。如图 7.1 所示，因为每个特征的区间分布看起来类似于直方图，所以称为直方图算法。

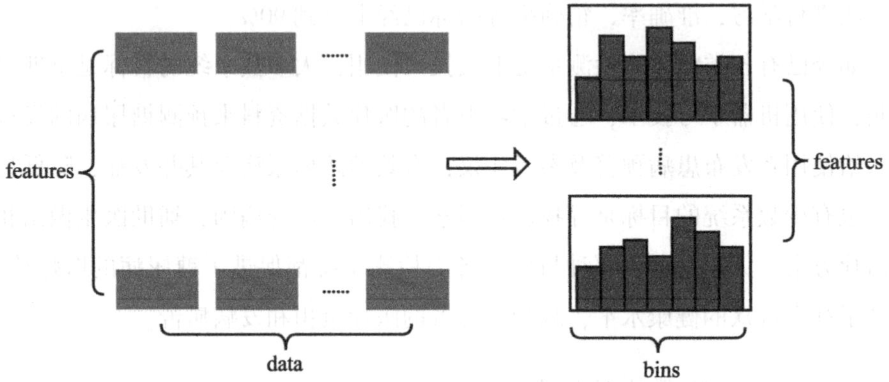

图 7.1　直方图计算流程

很显然，经过直方图算法之后，模型的复杂度从 features×data 变成了 features×bins，而 bins 的分类方式和个数由人为决定，相当于部分地控制模型的复杂度，能够极大地降低运算复杂度，还减少了内存消耗。此外，在进行数据并行时，还可大幅度降低通信代价。

利用直方图进行模型训练，在决策树分叉的时候，也有更为简便的计算方法。在二叉树的决策树中，直方图做差的方法能够将计算速度提升一倍，如图 7.2 所示。其原理是，当父节点的直方图划分出一个子节点的直方图之后，不需要再进行相同的划分操作求得另一个叶节点的直方图，只需要将父节点与已分离出的子节点做差，就可以用较小的代价得到兄弟节点的直方图。当然，对于多个子节点的决策树来说，最后一个子节点同样可以使用这个方法进行划分。

2. 直方图算法的改进

算法的复杂度由两个因素决定，一个是样本数量，一个是特征数量。LightGBM 从这两个方面进行考虑，提出了 EFB 算法和 GOSS 算法，减少了大量的计算，训练时间会大大减少。

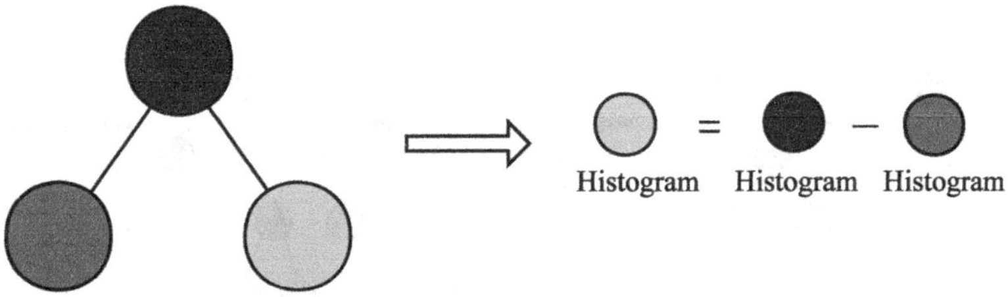

图 7.2 直方图做差

GOSS（Gradient-based One-side Sampling）算法：从减少样本数量进行考虑，根据计算信息增益的定义，样本的梯度越小，说明这些样本被训练得越好，模型越接近最优化，如果继续对这些样本进行训练的话，需要花费更多的时间和更大的代价获得较少的成效，从工业角度考虑，显然是不划算的。LightGBM 采用了基于梯度的单边采样方法，保留所有的大梯度样本，随机抽取小梯度样本合并成新的训练样本，既没有破坏数据分布的完整性，也过滤掉了高代价的数据。

EFB（exclusive feature bundling）算法：从减少样本数量进行考虑，高维数据往往会出现样本量大，数据稀疏的情况。如果从特征冗余角度处理，可以使用 PCA（Principal Component Analysis，即主成分分析方法）进行降维，但是 PCA 是通过舍弃不重要特征的方法降维的，无法保证数据的完整性，会影响到训练的准确度。从特征合并的角度出发，因为数据大部分是稀疏的，可以考虑将互斥的特征进行合并，那么特征的维度也就做到了降维，降低了内存消耗，这种将互斥特征合并的算法就叫作 EFB 算法。

3. 增长策略

LightGBM 在构建树的时候采用了 leaf-wise 增长策略，其增长过程如图 7.3 所示，每次遍历所有叶子节点，找出分类增益最大的叶子节点对其进行切分，然后再遍历所有叶子节点，再找出最大分离增益的叶子节点……如此循环，直到达到停止分裂的条件。由此可知，生成树的过程中会减少许多增益不明显的叶子节点，降低了模型的复杂度，树的宽度会变小，但深度会变大，产生过拟合现象。为了控制树的结构，往往需要设置一些参数作为分裂的限制条件，从而减少过拟合，关于参数的设置与使用，在 7. 2. 3 中有详细说明。

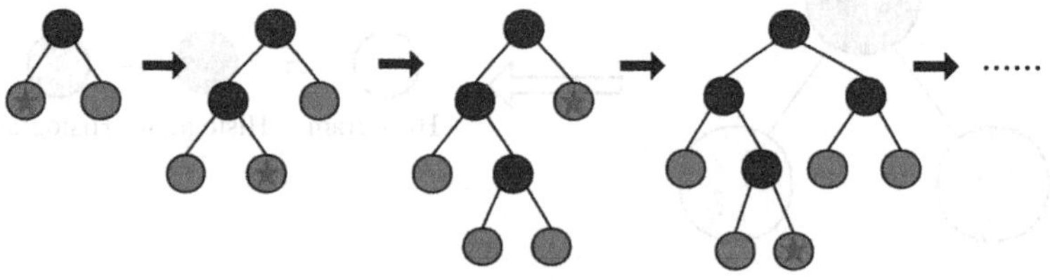

图 7. 3　leaf-wise 增长策略

4. 并行计算

并行计算（Parallel Computing）是指同时执行多个指令以解决计算问题的过程，是提高计算机系统计算速度和处理能力的一种有效手段，适用于计算大规模数据。LightGBM 常用的并行计算策略有：特征并行，数据并行，投票并行。

特征并行，顾名思义，就是并行化处理特征划分，在每个机器上（worker）并行处理所有的特征集，找到每个特征的局部最佳分割点，然后在 worker 间使用点对点通信寻找全局的最优分割点。找到之后，每个 worker 依然保留自己的最佳分割点，无需向其他 worker 广播划分，这样做减少了网络的通信量，但是需要保存的分割点变多，存储代价也变大了。具体过程如图 7. 4 所示。

数据并行是指并行化处理每个 worker 的数据。在整个决策学习的过程，每个 worker 拥有所有特征的部分数据，采用直方图做差独立构建局部直方图，减轻全局通信负担。然后在 worker 之间合并得到全局直方图，进而寻找最优分割点。具体过程如图 7. 5 所示。

投票并行实际上也是一种数据并行。同样地，每个 worker 拥有部分数据，在寻找局部最优分割点时采用 PV-tree 算法。每个 worker 拥有部分数据，独自构建直方图并找到 top-k 最优的划分特征，中心 worker 聚合得到最优的 2k 个全局划分特征，再向每个 worker 收集 top-2k 特征的直方图，并进行合并得到最优划分，广播给所有 worker 进行本地划分。如图 7. 6 所示。

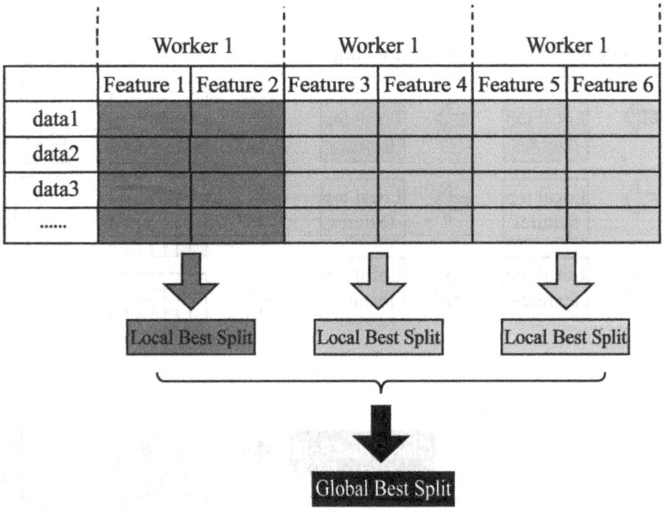

图 7.4 特征并行流程图

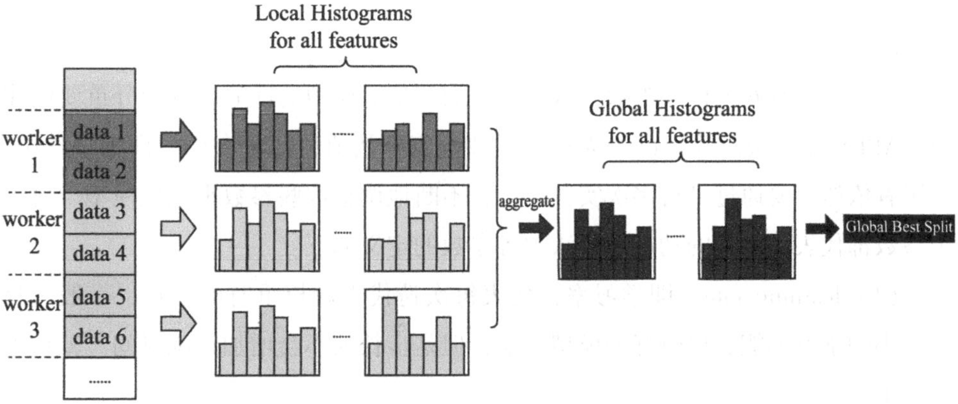

图 7.5 数据并行流程图

7.2.3 LightGBM 算法的应用方法

在各种深度学习框架中，Light GBM 算法已经封装在库中，可以直接调用 API 使用。LightGBM 模型的构建只需要三步：导入 LightGBM 包，设定参数和训练模型。其中，最重要的就是设定参数。

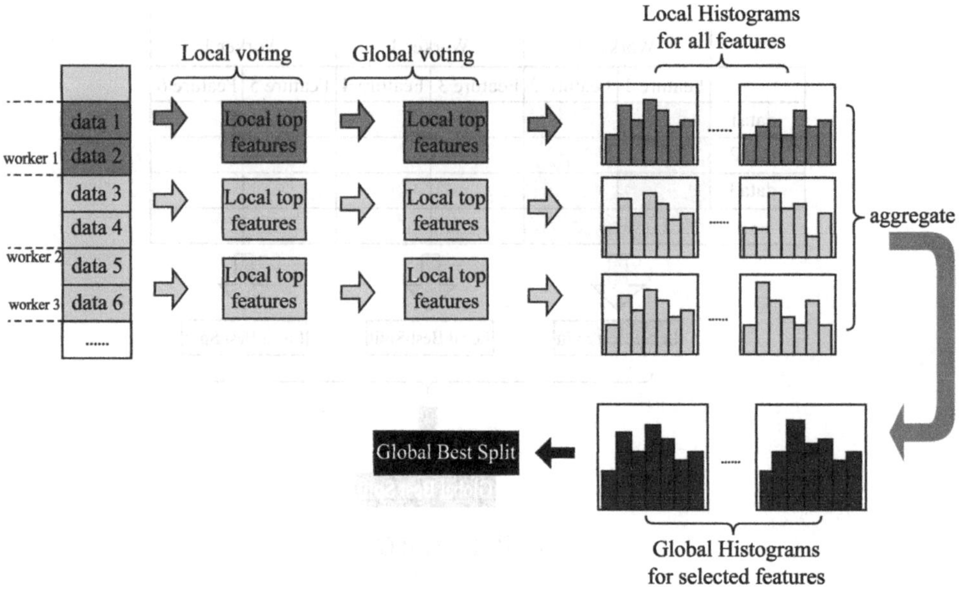

图 7.6　投票并行流程图

该算法设有 6 个核心参数，这些参数的调整对模型的性能起着十分重要的作用。API 根据传统经验，已经为每个参数设定默认值，但是在模型训练过程中，使用者依然需要通过进行多次实验遍历，不断地调整这些参数来优化模型。每一个参数都代表着不同的功能，算法中各参数的定义如下：

（1）learning_rate，即学习率，代表每次迭代更新权重时的步长，一般选择比较小的学习率能获得较好的模型性能，但是步长太小会增加训练时间。默认值为 0.1。

（2）max_depth，即决策树的最大深度。是训练停止的一个限制条件，能够很好得控制决策树的结构，默认值为 3。

（3）n_estimators，即弱学习器的最大迭代次数，也是基学习器的个数，默认值为 10。

（4）num_leaves，即每个树上的叶子数，往往和 max_depth 一起协作控制树的形状，一般取值范围为（0，$2^{max\_depth}-1$]，默认值为 31。

（5）min_child_sample：即每个叶子上的最小样本个数。当样本数据量比较大时，可以设定较大的值，使得叶子节点的数据分布均匀，提高模型的泛化能力，默认值为 20。

（6）gamma，即算法复杂度的惩罚项系数，控制树结构的复杂程度。值越大，算法结构越简单，默认值为 0。

7.2.4 糖尿病预测及其影响因素的案例分析

王鑫等［108］人使用美国亚利桑那州中南部的皮马印第安人糖尿病数据集（Pima Indians Diabetes Data Set），对糖尿病进行实验并做出预测分析，实验对 Light GBM 模型进行改进训练，实验结果表现较好。

Pima 糖尿病数据集是由美国国家糖尿病、消化及肾脏疾病研究所收集并公开，广泛应用于糖尿病预测模型实验。数据基本特征属性如表 7.1 所示。

表 7.1　**Pima 数据特征说明**

编号	特征属性	特征属性的含义
1	Pregnancies	怀孕次数
2	Glucose	葡萄糖
3	BloodPressure	血压（mm Hg）
4	SkinThickness	皮层厚度（mm）
5	Insulin	胰岛素 2 小时血清胰岛素（mu U / ml）
6	BMI	体重指数（体重/身高）^2
7	DiabetesPedigreeFunction	糖尿病谱系功能
8	Age	年龄（岁）
9	Outcome	类标变量（0 或 1）

整个基于 Light GBM 的糖尿病预测模型的构建流程如图 7.7 所示，主要包括数据预处理、模型训练、超参数优化、模型性能分析等核心模块。

实验结合传统方法和网格搜索方法，帮助确定超参数，采用十折交叉验证方法进行性能评估，以 Accuracy 值作为评价指标，对患者未来 5 年内是否会患糖尿病进行预测，调参过后的 LightGBM 模型精确度可达到 91.6%。根据模型输出的

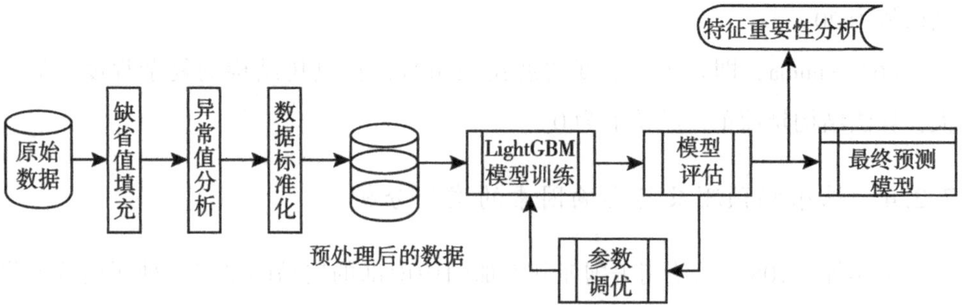

图 7.7　LightGBM 模型构建流程

重要性比例可知，主要的影响因素为“insulin”，“Glucose”，“Age”。

7.3　基于 CNN 的图像分割技术在医学影响领域的应用

7.3.1　传统医学影像检测在图像分割的发展概述

医学影像是反映人体内部结构的图像，占据 90%的医疗信息，逐渐成为医疗诊断的重要依据，是辅助临床医疗诊治的医学检测手段。医学图像处理是使用计算机和数学的方法，对各种不同成像机理的医学影像进行处理和加工，进而辅助临床诊断与治疗。目前，研究者们提出了许多医学图像分割模型架构，表现较为出色的是 FCN，Unet，DeepLab 等模型架构。作为常见的医学图像处理技术之一，它不仅在智能辅助诊断中发挥着重要的作用，而且在生物医学图像的分析中占有极其重要的地位。

医学图像分割是将医学图像作为数字文件加载，经过一系列的数据处理，分割出感兴趣的那一部分数字特征，也就是具有特殊含义的目标特征，目标特征可以是一个或多个［109］。这些被提取出来的目标特征能够有效地辅助医生，更清晰地了解图像中特殊位置的解剖或病理变化，为临床诊疗和病理学研究提供可靠的依据，极大地提高了诊断的效率和准确性。目前流行的医学图像分割任务包括组织分割、脑肿瘤分割、肺结节分割等。

由于医学影像的表达方式具有多样性与复杂性，在分割之前需要针对不同的图像特点进行数据预处理，如图像大小，图像像素，色彩模式等，因此，一般的图像分割方法不能直接使用到医学影像分割系统中，目前的医学图像分割技术在处于半自动分割向全自动分割的转换中。

近些年来，医学图像分割有了新的发展与进步，深度学习变成了主流技术，基于深度学习的卷积神经网络 CNN 在许多的商业应用与医学比赛中表现出显著的优势［110］。接下来，本节将围绕着图像分割进行介绍，简要地阐述一些常用的医学图像分割方法及其特点，并了解 CNN 在医学图像中的实例应用。

7.3.2 常见的医学图像分割方法

常见的医学图像分割方法有：阈值法、基于区域、边缘检测法、聚类方法和基于神经网络的图像分割方法等。

1. 阈值法

图像阈值是一种传统的图像分割方法，适用于目标区域和背景区域色彩相差很大的图像［111］。图像阈值分割的原理就是根据不同的阈值范围，把图像像素点划分成若干个类别。该方法常用的特征是原始图像的灰度图，一般来说，背景区域和目标区域之间的灰度值会有较明显的差异，基于此，设定若干个阈值作为划分点，从而分离出多个区域，默认同一区域的像素点属于一个类别，从而达到图像分割的效果。阈值分割法的重点在于选取合理的阈值，阈值的选取决定着图像分割的效果。此方法计算量小，运算效率高，因此广泛应用于需要实时搜索的行业，但是在医疗行业，人体内部影像的灰度值差异往往不明显，而且目标区域时常会有重叠，很难得到精确的区域范围，所以在医学领域基于阈值的图像分割并不是最好的分割方法。如图 7.8 所示，是几种利用不同的阈值方法得到的胸部图像分割结果，可以看出分割边缘比较模糊。

2. 基于区域

基于区域的图像分割比较关注区域内部的相似性，包括区域生长法和分裂合并法［112］。区域生长法是从局部到整体的一种划分方法，其原理是选定一个种

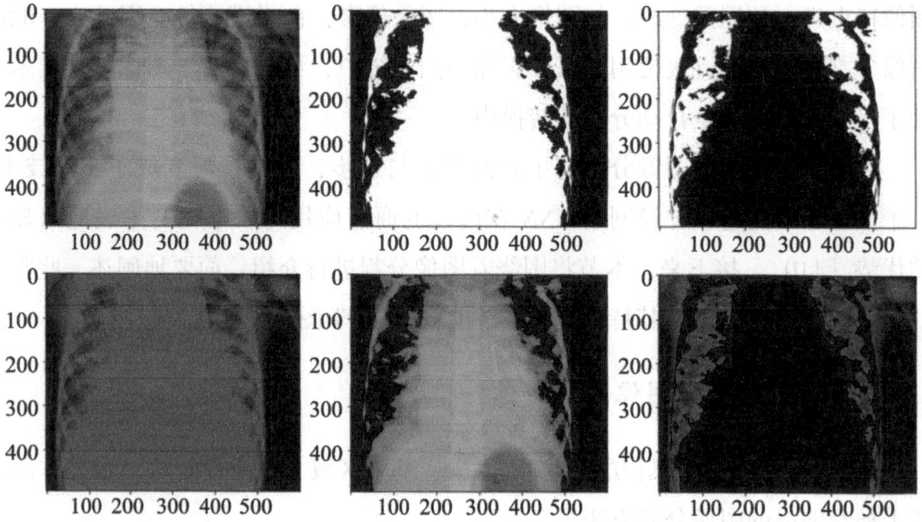

图 7.8　基于阈值的图像分割

子初始点，然后根据生长准则，以该点为中心搜索并合并邻域内具有相似特征的像素，然后以新合并的像素为中心，重新进行搜索与合并，直到区域不再扩大。接着，重新再选择一个初始点进行下一区域的分割，直到像素点都已有归属区域。区域生长法的重点在于种子的选取和生长准则的判定，错误的种子可能会造成噪声扰乱。此方法思想比较简单，边缘信息表现较好，但是分割过程时间和空间消耗较大，噪声敏感也会造成过拟合或者空洞的情况。区域分裂合并法从整个图像出发，先对灰度图像分割成若干个不重叠的子区域，然后将满足相似度准则的区域进行合并，不断地进行分割与合并，直至不再有新的区域出现分裂与合并。

3. 边缘检测法

边缘检测法是根据像素灰度，色彩，纹理等方面不连续的特性，识别出边界点，将边界点连接起来，从而形成区域分割［113］。人类可以用肉眼根据图像的边缘识别图像特征，边缘检测法根据区域边界的灰度值变化大的特点，划分出不同区域的边缘，模拟人类视觉效果。边缘检测方法主要分为两类：基于搜索和基于零交叉。基于搜索的边缘检测的目标是寻找边缘强度的局部梯度最大值，而梯度一般用一阶导数来表示，常用的边缘检测算子有 Roberts Cross 算子，Prewitt 算子，Sobel 算子等。基于零交叉的方法的目标是寻找边缘强度的二阶导数的零交叉点，以此来定位边缘，常用的方法有 Canny 算子，Laplacian 算子等。边缘提取是滤波的一种，使用不同的算子会有不同的提取效果。图 7.9 是三种算子的效果图（原图，Roberts，Prewitt，Sobel）。

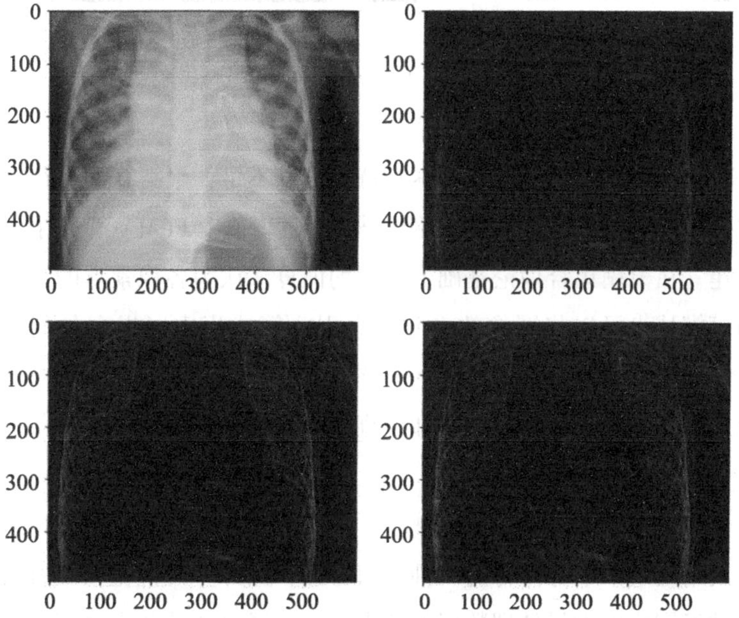

图 7.9　基于边缘检测法的图像分割

4. 聚类方法

机器学习中的聚类方法使用十分广泛，在图像分割领域也有不错的表现。使用聚类方法可以将图像分割成若干个大小均匀，密度合适的超像素块，为后续的图像处理做铺垫。其原理是，首先粗略地划分若干个聚类，然后根据各个像素点的颜色，纹理，亮度等特征，不断地迭代更新聚类，直至收敛为止。图 7.10 是均值聚类算法的效果图。

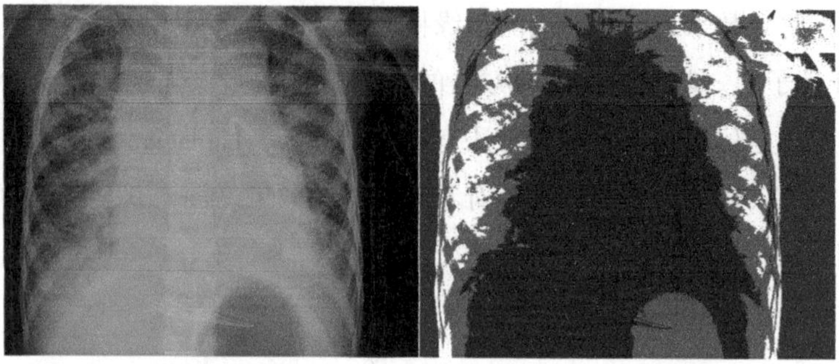

原图　　　　　　k-means分割图

图 7.10　基于 k-means 的图像分割

但是在实际应用中，由于像素本身特征信息不足，聚类算法往往不宜单独使用，通常会与其他技术共同使用，例如模糊 C-均值（FCM）聚类技术［114］。该技术是建立在模糊集合理论基础上的，均值算法认为各像素点的数据是相互独立的，而模糊技术可以将图像的空间信息引入算法当中以提高分割算法的准确率，两者结合能够较好地处理三维医学图像内在的模糊性，而且对噪声不敏感，非常适合医学图像中存在不确定性和模糊性的特点。

5. 基于神经网络的算法

神经网络是现下十分流行的一种学习方法，在计算机视觉领域有着十分重要的地位。神经网络由大量处理数据的节点组成，通过调整节点之间的权重和连接来模仿人类的学习过程。其原理是，首先搭建好神经网络模型，初始化权重，设定优化器和损失函数等，然后使用训练样本对模型的权重进行训练，最后使用训练好的模型去分割新的图像数据。神经网络方法的重点在于神经网络模型的搭建，目前，比较流行的模型架构有 CNN，Transfermer，U-Net 等模型，CNN 作为一种经典的图像处理方法，其原理在上文已经详细描述过，其在医疗领域的应用将会在案例分析中展示。

7.3.4　医学影像分类识别的案例分析

如今，医学影像领域的神经网络技术研究越来越深入，许多拥有资金与技术的企业与拥有疾病数据的医疗机构共享共建，合作探索医疗影像领域的新途径，研发应用于各类场景的辅助医疗产品，并不断升级与优化。但大多数人工智能医学影像的应用仍然处于临床试验阶段，且往往局限于某一特定领域。2017 年 8 月，在“互联网+”数字经济中国行·广东峰会上，腾讯公司正式发布了首款人工智能医学影像产品“腾讯觅影”[115]。

“腾讯觅影”由腾讯主导，携手合作事业部共同开展医疗科研产业创新项目，多个顶尖人工智能团队提供算法支持、国内顶级医学专家指导病况研究方向、专业的人工智能机房提供实验研究的基础设施保障，此外，该项目还邀请了多省顶尖医学院校和医疗机构参与研发，最终实现了人工智能技术与医学的跨界融合，并成为首批国家人工智能开放创新平台之一。“腾讯觅影”产品的推出，不仅实现了全国先进诊疗技术的共享，还打破了医疗资源分布不均的格局，为患者提供同等水平的诊疗服务。“腾讯觅影”的两大主要功能是医学影像和辅助诊断。

在医学影像方面，“腾讯觅影”将计算机视觉与神经网络技术相结合，对各类医学影像进行学习训练，致力于实现对各种病况的筛查与诊断。目前，“腾讯觅影”已经发布了许多医疗辅助筛查系统，如肺炎分析筛查，肺癌早期筛选，眼底疾病筛查，宫颈癌早期筛查等，在临床诊断辅助以及重大疾病早期筛查方面均表现优异。例如，在肺癌早期筛选系统的识别模块中，“腾讯觅影”识别预处理后的肺部 CT 图像，使用多任务 3D 卷积神经网络算法实现早期肺结节检测，根据“腾讯觅影”2017 年的数据统计可知，该系统在识别数据方面，可定位微小结节的精度达到 3mm+，敏感度达到 85%，特异度达到 90%。图像识别过程如图 7.11 所示。

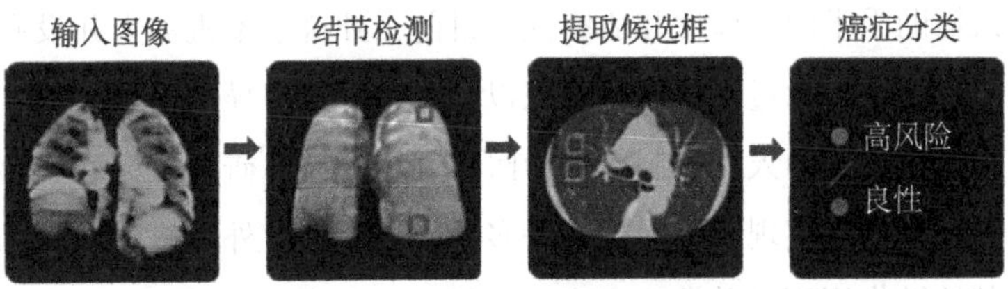

图 7.11 “腾讯觅影”肺癌早期筛选识别过程

在辅助诊断方面。“腾讯觅影”将自然语言处理与神经网络技术相结合，将问诊，病历等非结构化信息转化成高阅读性的病案特征，辅助医生迅速了解病人情况，从而提升诊疗效率。目前，“腾讯觅影”的智能辅诊包括智能导诊技术，病案智能化管理，诊疗风险监控三个模块。其中，智能导诊技术使用人工智能与患者进行对话，进行语义理解之后，为其提供咨询答疑服务，减少了护患沟通和医院导诊的压力。

7.4　深度强化学习应用于外科手术机器人

7.4.1　深度强化学习在外科手术中的机遇与挑战

随着信息化时代的发展，智能机器人已经走进人类生活的众多领域，如扫地机器人，看护机器人，地形导航机器人，教育机器人等，它们能够完成各种专项任务，给人类的生活带来极大的便利。但是已推广上市的机器人大多数只能从事简单的劳作任务，在一些高难度高智商的领域，许多研究者们还在探索新的技术方法，努力研究出更智能甚至完成人类做不到的事情的机器人。目前，智能机器人是深度强化学习（Deep Reinforcement Learning，DRL）的主要应用领域之一，而机器人技术大多数是以深度强化学习为基础技术［116］。

机器人的用途，就是识别周围的环境情况，依据自身的状态，做出相应的决策，以达到想要的目标任务。在医疗领域中，机器人在临床手术中的应用最为常见，辅助专家进行手术操作。一些机器人可以通过使用计算机视觉模型（如 CNN）感知手术环境，使用深度强化学习方法来模拟外科医生的肢体动作，从而增强机器人辅助手术的鲁棒性和适应性。目前，外科手术机器人并没有完全取代医生独立完成整个手术过程，而是专家以遥控的方式引导机器人完成。

虽然其他领域机器人的研制成功为医疗领域提供了研究方向和实验经验，但是外科手术机器人的实现依然面临着许多挑战。首先，外科机器人面临的是一个个生命，其辅助作用不是单纯地完成一项任务，它还有诸多考虑因素，例如更高的识别准确度，更优的机器设备精细度，材料的安全性，意外事故处理方法等，任何技术上的失误都会引起人们对医疗机器人的担忧和恐慌。其次，深度强化学习需要大量的手术样本作为训练集，在实际手术过程中，临床实例往往会有细微而独特的区别，患者的身体特征、手术室的操作环境，主刀医生的操刀习惯等都存在着差异，而外科机器人的学习必须要格外精准，成败往往就在毫厘之间，即使是微小的差异也可能会造成较大的损失。因此，很难收集满足实验所需的数据并应用于一般的手术任务。

7.4.2 深度强化学习的基本原理

深度强化学习，简单来说就是深度学习与强化学习的结合体。在数据学习的过程中，深度学习表现出较强的感知能力，但决策水平较低；强化学习能够基于外界的回应做出较好的决策，但对数据的感知能力较差。因此，深度强化学习融合两者的算法思想，感知与决策相辅相成，为通用性决策系统提供了新的解决思路。

强化学习（Reinforcement learning，RL），又称再励学习、评价学习或增强学习，智能机器人在与环境交互过程中，通过学习策略来确定最佳行动顺序，实现特定目标，达成长期利益最大化［117］。

DRL 是一种端对端（end-to-end）的感知与控制系统，这种算法思想具有很强的通用性，与研发一般性机器人的目标不谋而合。DRL 原理框架如图 7.12 所示。

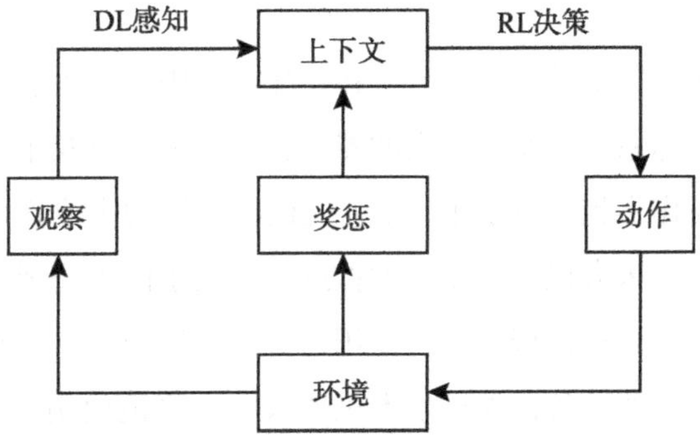

图 7.12 DRL 原理框架图

DRL 的整个学习原理是，在每个时刻智能机器人在与环境交互的过程中，得到一个高维度的观察，并利用深度学习方法来感知这个观察，以得到具体的状态特征表示。然后，根据上下文的预期回报，使用强化学习方法来评价各动作的价值函数，并通过某种学习策略将当前状态转换成为对应的动作。最后，环境对此动作做出奖励或者惩罚的反应，并得到下一个观察。通过不断循环以上过程，最终得到实现目标的最优策略［118］。

7.4.3　达·芬奇手术机器人的案例分析

2000 年，美国 Intuitive Surgical（ISRG）公司研制出的达·芬奇手术机器人标志着外科手术正式进入了手术机器人的时代［119］。最初，达·芬奇机器人手术系统是由麻省理工学院开发的原型，随后，Intuitive Surgical 公司发现其未来的潜力，联合 IBM、Heartport 等公司一同参与该手术机器人的系统开发。如今，达·芬奇系统凭借其领先的计算机技术和医疗水平，成为全世界临床应用最为广泛的手术机器人，在手术机器人领域几乎处于垄断地位。

通俗地讲，达·芬奇外科机器人是辅助微创手术的高级腹腔镜系统。微创手术是通过腹腔镜、胸腔镜等内窥镜在人体内施行手术的一种新技术，在进行手术操作的时候，达·芬奇机器人代替传统的内窥镜，使用更精细的机械臂穿过胸部、腹壁，将成像结果反馈给主治医生，然后通过控制台在患者体内进行手术。

如图 7.13 所示，达·芬奇机器人由三部分组成：外科医生控制台、床旁机械臂系统、成像系统。

主刀医生坐在无菌室外的控制台，在操作过程中，医生通过观察三维高清内窥镜，使用动作定标系统控制机器人的器械，由机械臂以及手术器械模拟医生的技术动作和手术操作实施外科手术。床旁机械臂系统的主要作用是为器械臂和摄像臂提供力量支撑。床旁机械臂系统的控制是由助手医生完成的，助手医生负责更换器械和内窥镜，维护器械的正常使用。成像系统内装有外科手术机器人的核心处理器以及图像处理设备，外科手术机器人的内窥镜使用高分辨率三维（3D）镜头，为主刀医生带来患者体腔内三维立体高清影像，使主刀医生较普通腹腔镜手术更能把握操作距离，更能辨认解剖结构，进而提升手术精确度。

在如此强大功能的支撑下，达·芬奇机器人不仅为医生提供了更加清晰的影

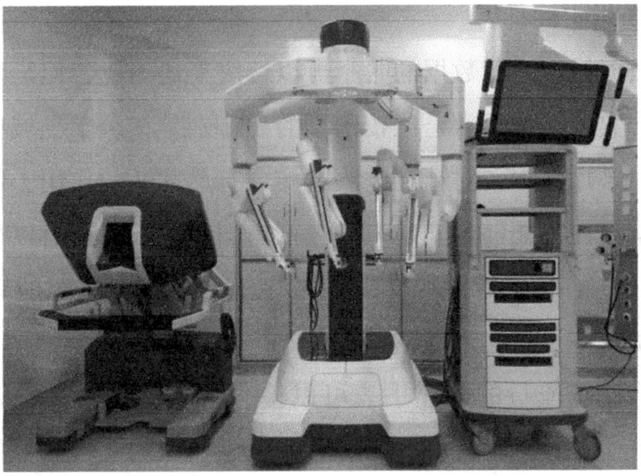

图 7.13　达·芬奇机器人组成部分

像视野和更灵敏的机械操作，而且手术创口变小极大地减少了术中患者的痛苦和机体损伤，更利于患者身体恢复，缩短住院时间。但是，技术的便利并没有带来推广的便利，虽然达·芬奇机器人垄断了整个医疗行业，但是其购置成本，手术成本，维护成本过高，导致全世界仅有少数医院可实施机器人手术，无法普及到常规手术中。目前，得益于科学技术的发展与进步，手术机器人的研究也在不断地发展和突破，各国正加速研发各种手术机器人及其辅助设备，企图打破达·芬奇机器人垄断的局面，实现患者利益最大化。

7.5　联邦学习应用于医疗领域的数据共享

联邦学习（Federated Learning），作为隐私计算的重要方法之一，能够充分利用分布在各处、无法集中使用的数据，在不暴露用户隐私的情况下，跨机构对敏感数据进行联合学习和联合分析，提高模型的性能［120］。

7.5.1　传统的医疗数据共享存在的问题

在现实生活中，特别是物联网日益发展的当下，收集数据的硬件终端数量增加，但是对于每一个个体用户端，能够访问的数据规模小，且数据分布不均衡、信息含量少，因此不足以训练出鲁棒性和泛化能力充足的模型，这就大大限制了AI 技术在真实场景中的部署。

虽然通过数据终端之间数据的共享可以解决上述困境，但是受到实际部署和隐私性的限制，数据共享通常是比较困难的。特别是在医学领域中，上述困难更为普遍和严重。医疗数据，对精准健康的实现有奠基性的作用，但由于医疗数据隐私条例，机构往往不能够公开病人的数据。即使隐私限制可以放宽，医学数据诸如医学影像、电子病历等，本身也是医疗机构和研究组织的知识产权的一部分，医院因其敏感性很难实现数据共享。

例如，如今比较流行的智能手表可以检测并存储心跳，血氧饱和度，运动量，压力等个人实时数据，许多患有心脏病、高血压的老人会佩戴这类运动手表随时监测身体状况，以防意外情况发生。当研究者们想要研究患有心脏病，高血压这类疾病时，手表所记录的数据将会起着十分重要的作用，但是生产厂家往往会以用户隐私理由拒绝信息泄露［121］。

除此之外，某一种疾病的数据来源可能只是对于特定人群，虽然数据量足以支撑模型训练，训练效果也比较理想，但是使用范围单一，无法进行推广。例如，非洲居民的心脏病影响因素，是否和北美洲居民的心脏病影响因素相同呢？高原地区的高血压影响因素和平原地区的高血压影响因素是否相同呢？这些结果都将影响患者的治疗，如果使用单一来源数据进行模型训练，那么预测结果很可能会对其他人群造成偏差，对疾病的认知也会以偏概全。显然，解决这种模型歧视的方法就是使用全球病历数据集进行实验，但是这将涉及跨国的信息共享，而且信息来源的真实性也无法保证。

7.5.2　联邦学习的基本原理

数据的形态往往决定了联邦学习的方式。根据数据集的结构特征，将联邦学习分为横向联邦学习、纵向联邦学习和联邦迁移学习三种。接下来，本节对这三种算法进行阐述。

1. 横向联邦学习

横向联邦学习，顾名思义是将数据横向切分，每个参与方（worker）的数据集具备结构上的一致性，即各参与方的数据具有相同的特征集。这是目前发展最成熟的一个方向。

横向联邦学习的框架与分布式机器学习的框架类似，采用客户-服务器架构（master-worker）架构，由主机服务器（master）和基站（worker）组成。Worker负责根据模型的预设值计算本地梯度值，master负责收集梯度值和更新模型参数[122]。其算法流程如图7.14所示。

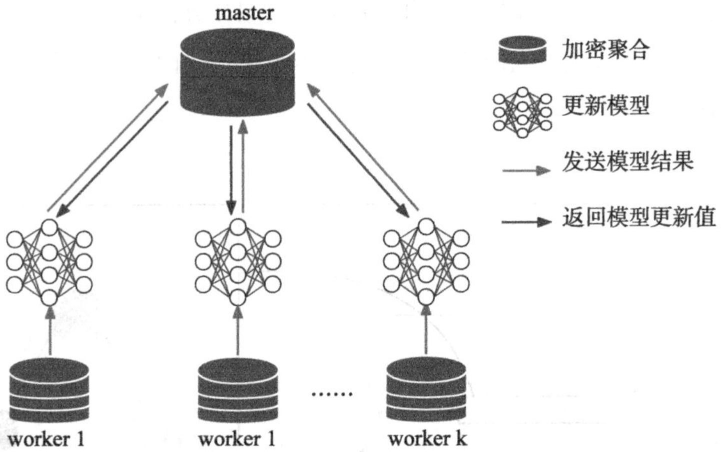

图7.14 横向联邦学习流程图

首先主机服务器master向各个基站worker发送最新模型，然后，各worker利用本地数据计算梯度或模型参数，通过加密算法将计算结果返回给master，master聚合各梯度或模型参数，并将加密结果广播给各worker，最后，worker更新模型之后重新对数据进行梯度求值，如此循环，直至训练出优异的模型。

这种算法流程与分布式机器学习非常相似，但二者还是存在着本质的区别的。首先，参与的各个基站都是自由体，可以选择是否参与训练。其次，联邦学习中基站的数据是相互独立，不允许上下级或同级传输，数据分布可能存在较大的差异。而分布式机器学习的数据，都是由主机统一收集，然后随机均匀分发给各基站的，数据分布一致。

2. 纵向联邦学习

纵向联邦学习中，数据集被纵向切分，每个基站拥有不同的特征集合，样本编号可能会有重复。

按照传统的机器学习思想，如果特征集数据来自多个基站，通常只需要将这些特征合并成一个新的数据集进行训练即可，但是考虑到基站之间不允许交流信息，那么此时就需要一个第三方——主机进行沟通、传递参数，协助模型训练。训练结束之后，各基站只需要保存自有特征的模型参数，主机获取所有基站的模型参数完成预测。这就是纵向联邦学习的基本思想。以两个基站为例，具体的流程如图 7.15 所示。

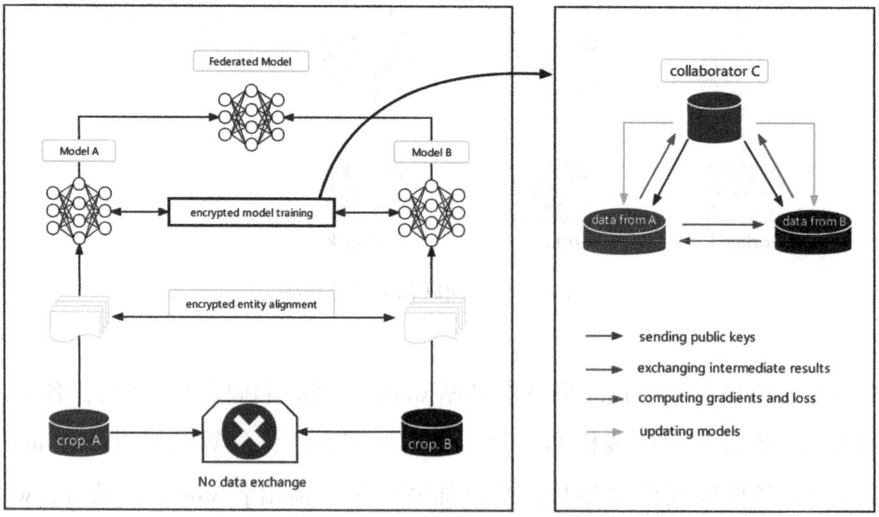

图 7.15　纵向联邦学习流程图

第一阶段，寻找共同样本。基站 A 与 B 分别使用加密算法，把样本编号传递给主机，主机解密之后，找出基站的共同样本编号，并加密编号返回给基站。

第二阶段，模型加密训练。两个基站利用共同样本数据训练模型，分别计算自有特征的梯度与损失函数值，然后将结果加密传输给主机，主机解密梯度和损失后，返回参数给两个基站，基站以此更新模型。

3. 联邦迁移学习

横向联邦学习可以解决特征维度大体一致，用户没有关联的问题，纵向联邦学习可以解决的是特征维度不一致，但用户有较大关联的问题。如果训练数据量较少，往往会出现特征维度不一致，用户关联性也较低的情况，以上两种方法就不适用，而联邦迁移学习正是为了解决这个问题而提出的。其过程如图 7.16 所示。

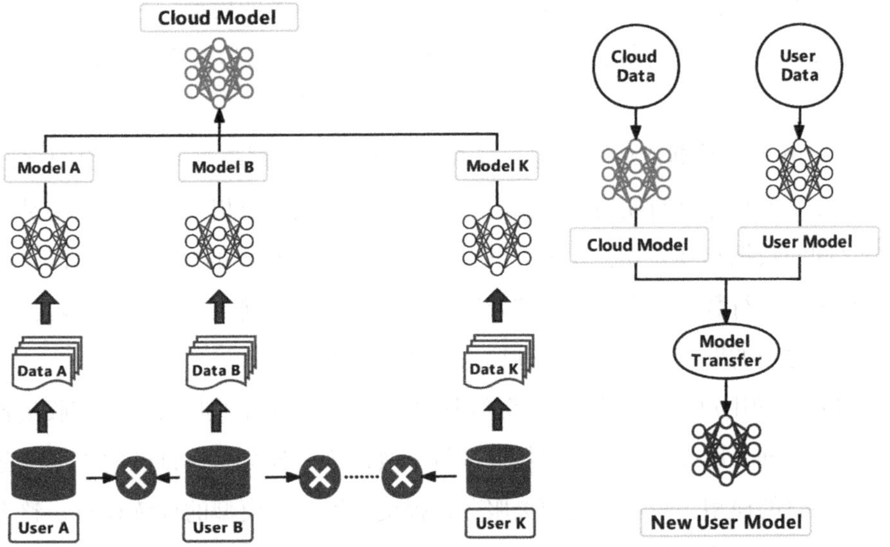

图 7.16 联邦迁移学习过程

联邦迁移学习是将联邦学习的隐私保护和机器学习的迁移学习思想结合，本质上还是利用迁移学习算法，在数据交互过程中使用联邦学习的框架对数据隐私进行保护，例如同态加密等［123］。但是联邦迁移学习提出较晚，现在仍处于早期探索阶段，研究技术尚不成熟，但是在设计通用性 AI 方面，给许多研究者们提供了一个很好的思路。例如，在临床诊断领域，将样本较多，识别率较高的影像模型迁移到样本较少，识别率不高的影像模型中，然后聚合多个识别模型来形成一个泛化能力较强的诊断模型，最后与具体的用户模型聚合可得到新的高性能的用户模型，能够提高 AI 的疾病诊断能力。具体流程如图 7.16 所示。

联邦迁移学习的算法框架与纵向联邦学习完全一致，从各基站的本地模型聚合提取一个完整的通用模型，然后将这个模型与具体用户模型相结合，形成一个强大的专有模型。其实，联邦迁移学习模型就是在模型的独特性和泛化性能之间寻求一个最优解。

7.5.3　联邦学习在隐私保护方面的优势

联邦学习（Federated Learning），在保证大数据隐私性的前提下，利用散落于各处的大数据，通过分布式数据建模，训练出高性能的模型，在城市管理、健康医疗服务、智能安防等领域中发挥着重要作用。联邦学习主要有以下几个优势：

（1）解决“数据孤岛”问题，提高模型性能。数据孤岛是指各组织之间的数据往往是各自存储与使用，像孤岛一样无法与其他组织相互连接，也就是说各组织之间的数据相互独立，互不关联，无法兼并。医疗中的“数据孤岛”，很显然就是无法进行数据共享的各医院及医疗机构的隐私数据。通过联邦学习，可以跨过组织之间的壁垒，达到另一种形式的“数据共享”。

（2）保护用户隐私数据。联邦学习的巧妙之处在于中央服务器无需收集各组织的隐私数据，取而代之的是将数据进行分散训练。各组织在自己的本地服务器上训练各自的模型，只需要向中央服务器提交机器学习模型的训练权重。整个通信过程不涉及用户数据，极大地保护了用户的隐私。

（3）加快训练进度，减少主机任务量。数据分散训练，意味着分布在子服务器和主机的数据量变少，训练时间也会减少，但是这是用训练时间换取通信时间的方式减少主机的训练任务量。当多个数据源同时训练的时候，训练速度往往会不一致，主机服务器可以有选择性得使用速度较快的几个基站的训练结果，不需要使用全部的基站，从而提高训练进度。

7.5.4　联邦学习在医疗领域应用需解决的困难

然而，在医疗领域应用联邦学习时，可能遇到以下四个开放性的问题：

（1）数据质量。联邦学习的第一步便是数据标准的问题［124］。联邦学习将单个孤立的医疗机构联合起来，协同完成数据训练。但是每个卫生系统的医疗水平和管理能力参差不齐，对数据管理的重视程度也不尽相同，许多机构往往会缺失数据质控这一环节，导致数据质量高低不平。数据标签错误分类，数据缺省，数据标准不统一，数据真实性等问题会影响后续的聚合过程，甚至使最终的预测模型精度造成严重的偏差。因此，多源数据的规范标准成为数据质量保证的关键，是联邦学习在医疗领域值得引起重视的一个环节。

（2）结合专家知识。目前，国内已经推出了许多医疗辅助诊断系统，系统通过海量的就诊病历训练出专门的模型，直接预测患者的诊断结果。完全由机器学习训练所提供的结果，其准确率在不断的提高，但是这些往往适用于已有的常见的疾病情况。对于罕见疾病的诊治，专家们作为主要攻坚力量，必须要参与其中，以联合病历为数据基础，以专业经验为支持，指导人工智能进一步发展。

（3）激励机制。联邦学习最大的优势是多个数据来源，每个数据参与方都有权选择是否参与训练。传统的数据来源大多数是公立医院，私人医疗机构，公共卫生系统等具有比较完善的医疗系统的专业医学场所。但是，随着物联网的兴起，许多医疗保健类、运动类产品如可穿戴设备、运动健康 APP 等，也开始走进人们的生活，它们利用实时收集的数据对人类的身体或运动状况进行检测和预警。显而易见，这种精确化的数据同样也有很大的研究价值，但是，联邦学习中的客户端通信开销是昂贵的，吸引这些新型产品自愿参与联邦学习的研究需要设计合适的激励机制，这也是一个有待考虑的难题。

（4）个性化。联邦学习结束之后，便是将研究成果融入产品设计与临床实验，协助患者进行科学设计的个性化健康管理，尤其在慢性病方面的预防方面，从而提高全人类的健康水平，降低医疗成本。但是如何将研究成果，专家知识与用户数据相结合，定制个性化医疗方案，又是一个值得进一步研究的问题。

7.5.5 医疗数据共享的案例分析

目前，许多医疗数据以电子病历的形式进行存储，电子病历中的医疗数据非常具有研究价值，但各医疗机构的计算机化病历系统互不相通，无法做到数据共享，使得可实验数据的数量不足以支撑实验研究。Liu D 等人［125］联合多家医疗机构的电子病历，使用联邦自然语言处理的方法对肥胖病及其并发症进行研究，证明了联邦学习能够兼顾研究中的医疗隐私和模型精度，是联邦学习在临床 NLP 中的首次应用。

Liu D 等的联邦学习研究包括两个阶段。第一个阶段是有监督的患者表征学习。计算机化的病历系统中的数据类型并不统一，有图像，视频等各种非结构化形式，面对海量医疗数据，手动提取信息是不切实际的。实验使用自然语言处理从医疗文本中提取信息，在互不共享的医疗机构数据上独立训练机器学习模型，在此阶段使用的标注不需要与目标疾病直接相关。第二阶段，使用第一阶段获得的算法模型，选择与目标疾病任务直接相关的临床医疗数据，并训练最终的全局机器学习模型。

研究者们一共进行了 7 次对比试验，在第一阶段和第二阶段中分别使用不同的数据模拟方法，分别有单一来源，集中多源和联合多源。在单一来源数据中，仅使用 1/3 的数据来模拟单一医疗机构的数据。在集中多源数据中，将全部数据一起进行训练，模拟数据所有医疗机构的数据集共享集中训练。在联合多源数据中，将训练数据随机分成了多份，模拟多个医疗机构的数据站点，分别在站点上以联合方式进行训练。

研究实验表明，在两个阶段中，仅仅依靠单一来源数据进行模型预测时，F1 得分为 0. 634，如果选择集中多源数据时，F1 得分可达到 0. 714，说明更多的数据确实有利于提高模型的精度，当采用联邦学习时，使用不同的数据进行乱序和初始化，实验结果基本没有差异，该算法的 F1 得分为 0. 724。由此可以看出，以联合方式利用来自不同医疗机构的临床记录确实提高了模型的准确性，并且其性能可与在集中式数据上训练的 NLP 相媲美。有必要指出的是，当许多疾病的"可疑" 病例数量很少时，进行联合表型训练是不适用的。

跨机构的病人相似性学习，在保护患者的数据隐私的情况下，整合多家医院相似症状的患者信息，使得可研究的数据集增多，基于此得出的研究结论将更有可能应用于临床诊断。不仅可以提高特定临床任务的质量，还可以促进整个医疗保健系统的知识进步，这是学习系统的重要组成部分。

7.6 本章小结

综上所述，机器学习技术通过学习医疗数据，建立自组织学习机制，在复杂的医疗领域提供了各种新的解决方案。医疗领域的机器学习是充满希望的，但是医疗技术的发展不限于机器学习技术，当今深度学习引领风骚，未来也会有新的技术将医学推向更高水平，不论是何种技术，都将以提高人民健康水平为目标，为人类生命健康保驾护航。

参考文献

[1] Flach P. Machine Learning: The Art and Science of Algorithms That Make Sense of Data [M]. Cambridge University Press, 2012.

[2] 周志华. 机器学习 [M]. 北京: 清华大学出版社, 2016.

[3] Mohri Mehryar, Rostamizadeh Afshin, Talwalkar Ameet. Foundations of Machine Learning [M]. The MIT Press, 2012.

[4] 李航. 统计学习方法 [M]. 北京: 清华大学出版社, 2012.

[5] Alpaydin E. Introduction to Machine Learning [J]. Japanese Journal of Medical Physics An Official Journal of Japan Society of Medical Physics, 2004.

[6] 周志华著. 机器学习理论导引 [M]. 北京: 机械工业出版社, 2020.

[7] Bishop, Christopher M. Pattern Recognition and Machine Learning [M]. Springer, 2006.

[8] Carbonell, J. G. Machine Learning: Paradigms and Methods [J]. Elsevier North-Holland, Inc. 1990.

[9] Rob Hierons. Machine learning. Tom M. Mitchell. Published by McGraw-Hill, Maidenhead, U. K., International Student Edition, 1997. ISBN: 0-07-115467-1, 414 pages. Price: U. K. £ 22. 99, soft cover [J]. Software Testing Verification and Reliability, 1999, Vol. 9 (3): 191-193.

[10] Mjolsness, E.; DeCoste, D. Machine Learning for Science: State of the Art and Future Prospects [J]. Science, 2001, Vol. 293 (5537): 2051-2055.

[11] 郭宪, 方勇. 深入浅出强化学习: 原理入门 [M]. 北京: 电子工业出版社, 2018.

[12] Wu Z, Pan S, Chen F, et al. A Comprehensive Survey on Graph Neural

Networks [J]. IEEE Transactions on Neural Networks and Learning Systems, 2019.

[13] 张荣，李伟平，莫同．深度学习研究综述 [J]. 信息与控制，2018，47 (04)：385-397，410. DOI：10.13976/j.cnki.xk.2018.8091.

[14] Cybenko G V. Approximation by Superpositions of a Sigmoidal Function [J]. 分析理论与应用：英文刊，1993，5 (4)：17-28.

[15] Lecun Y, Boser B, Denker J, et al. Backpropagation Applied to Handwritten Zip Code Recognition [J]. Neural Computation, 2014, 1 (4): 541-551.

[16] Hochreiter, Sepp, Schmidhuber, et al. Long Short-term Memory [J]. Neural Computation, 1997.

[17] D. E. RUMELHART, Hinton G E, Williams R J. Learning Internal Representations by Error Propagation [J]. Readings in Cognitive Science, 1988, 323 (6088): 399-421.

[18] 张健，丁世飞，张楠，杜鹏，杜威，于文家．受限玻尔兹曼机研究综述 [J]. 软件学报，2019，30 (07)：2073-2090. DOI：10.13328/j.cnki.jos.005840.

[19] Goodfellow I J, Pouget-Abadie J, Mirza M, et al. Generative Adversarial Networks [J]. Advances in Neural Information Processing Systems, 2014, 3: 2672-2680.

[20] Treisman A M, Gelade G. A Feature-integration Theory of Attention [J]. Cognitive Psychology, 1980, 12 (1): 97-136.

[21] LONG H M, ZOU H Z, ZHU J. Research on Credit Risk of Mobile Phone Stage Consumption Loan--An Empirical Analysis Based on RF-Logistic Model [J]. The Theory and Practice of Finance and Economics, 2019, 40 (5): 27-33.

[22] GORI M, MONFARDINI G, SCARSELLI F. A New Model for Learning in Graph Domains [C] //IEEE International Joint Conference on Neural Networks, 2005.

[23] Lin C S, Chiu S H, Lin T Y. Empirical Mode Decomposition-based Least Squares Support Vector Regression for Foreign Exchange Rate Forecasting [J].

Economic Modelling, 2012, 29 (6): 2583-2590.

[24] Box G E P, Jenkins G. Time Series Analysis, Forecasting and Control [M]. Holden-Day, Incorporated, 1990.

[25] Atsalakis G S, Valavanis K P. Surveying Stock Market Forecasting Techniques-Part II: Soft Computing Methods [J]. Expert Systems with Applications, 2009, 36 (3): 5932-5941.

[26] Vanstone B, Finnie G. Enhancing Stockmarket Trading Performance with ANNs [J]. Expert Systems with Applications, 2010, 37 (9): 6602-6610.

[27] Kim K j, Han I. Genetic Algorithms Approach to Feature Discretization in Artificial Neural Networks for the Prediction of Stock Price Index [J]. Expert systems with Applications, 2000, 19 (2): 125-132.

[28] Hassan M R, Nath B, Kirley M. A Fusion Model of HMM, ANN and GA for Stock Market Forecasting [J]. Expert Systems with Applications, 2007, 33 (1): 171-180.

[29] PATEL J, SHAH S, THAKKAR P, et al. Predicting Stock and Stock Price Index Movement Using Trend Deterministic Data Preparation and Machine Learning Techniques [J]. Expert Systems with Applications, 2015, 42 (1): 259-268.

[30] 郭晓哲，彭敦陆，张亚彤，等．GRS：一种面向电商领域智能客服的生成-检索式对话模型 [J]. 华东师范大学学报（自然科学版），2020 (5): 156-166.

[31] 李成艳．面向电商的客服机器人的设计与实现 [D]. 成都：电子科技大学，2019.

[32] 张楠熙．基于Java语言的安卓手机软件开发研究 [J]. 数字技术与应用，2019, 37 (12): 118, 120.

[33] Muralidhar N, Muthiah S, Nakayama K, et al. Multivariate Longterm State Forecasting in Cyber-physical Systems: A Sequence to Sequence Approach [C] //2019 IEEE International Conference on Big Data (Big Data). Los Angeles, CA, USA. IEEE, 2019: 543-552.

[34] 吴石松，林志达．基于 seq2 seq 和 Attention 模型的聊天机器人对话生成机制研究 [J]. 自动化与仪器仪表，2020 (7)：186-189.

[35] 顾慧莹，姚铮．P2P 网络借贷平台中借款人违约风险影响因素研究——以 WDW 为例 [J]. 上海经济研究，2015，326 (11)：39-48.

[36] SONG M，WANG J. An Objective Measurement of Information Value Usingapplication Traces in Infomediary：A Case Study of Credit Reporting System in China [C] //The 20 th International Conference on Information Quality (ICIQ2015)，July 24，2015，Cambridge，USA. [S. l.：s. n.]，2015.

[37] XIE S，YU P S. Next Generation Trustworthy Fraud Detection [C] //The 4th IEEE International Conference on Collaboration and Internet Computing，2018：279-282.

[38] HOOI B，SHIN K，SONG H A，et al. Graph-based Fraud Detection in the Face of Camouflage [J]. ACM Transactions on Knowledge Discovery from Data，2017，11 (4)：1-26.

[39] Kokkinaki A I. On Atypical Database Transactions：Identification of Probable Frauds Using Machine Learning for User Profiling [C] //Proceedings 1997 IEEE Knowledge and Data Engineering Exchange Workshop，Newport Beach，CA，USA. IEEE Comput. Soc，10. 1109/kdex. 1997. 629848.

[40] 慕春棣，戴剑彬，叶俊．用于数据挖掘的贝叶斯网络 [J]. 软件学报，2000，11 (5)：660-666.

[41] Fu K，Cheng D W，Tu Y，etal. Credit Card Fraud Detection Using Convolutional Neural Networks [M] //Neural Information Processing. Cham：Springer International Publishing，2016：483-490.

[42] Andrew McAfee，Erik Brynjolfsson. Machine，Platform，Crowd [M]，2017.

[43] 孙尤嘉．企业网上银行客户模糊聚类分群分析——兼论工商银行网上银行的目标市场定位和市场细分 [J]. 金融论坛，2009 (3)：8.

[44] 骆品亮．定价策略 [M]. 上海：上海财经大学出版社，2006.

[45] 郭卫东，周锦来．基于机器学习的众包业务动态定价 [J]. 技术经济，2018，37 (8)：8.

[46] Friedman J. Greedy Function Approximation: A Gradient Boosting Machine [J]. Annals of Statistics, 2001, 29.

[47] HAN W, LIU L, ZHENG H. Dynamic Pricing by Multiagent Reinforcement Learning [C] //International Symposium on Electronic Commerce & Security, IEEE, 2008.

[48] 方园, 乐美龙. 基于强化学习的平行航班动态定价 [J]. 华东交通大学学报, 2020, 37 (1): 7.

[49] Peng Ye (Airbnb), Julian Qian (Ant financial), Jieying Chen (Airbnb), et al. Customized Regression Model for Airbnb Dynamic Pricing [N]. KDD2018, 2018.

[50] 应维云, 覃正, 赵宇, 等. SVM 方法及其在客户流失预测中的应用研究 [J]. 系统工程理论与实践, 2007, 27 (7): 6.

[51] 于小兵, 曹杰, 巩在武. 客户流失问题研究综述 [J]. 计算机集成制造系统, 2012, 18 (10): 11.

[52] 武小军, 孟苏芳, WU, 等. 基于客户细分和 AdaBoost 的电子商务客户流失预测研究 [J]. 工业工程, 2017, 20 (2): 9.

[53] 于小兵, 曹杰, 巩在武. 客户流失问题研究综述 [J]. 计算机集成制造系统, 2012, 18 (10): 11.

[54] 中华人民共和国商务部. 中国电子商务报告 (2020) [R]. 2021.

[55] 李激. 文本情感分析的发展综述 [C]. 中国计算机用户协会信息系统分会信息交流大会, 2013.

[56] Neviarouskaya A. Textual Affect Sensing for Sociable and Expressive Online Communication [J]. Affective Computing & Intelligent Intteraction, 2007.

[57] Turney P. Measuring Praise and Criticism: Inference of Semantic Orientation from Association [J]. Acm Transactions on Information Systems, 2003, 21.

[58] Pang B. Thumbs up? Sentiment Classification Using Machine Learning Techniques [J]. Proc. EMNLP, Philadelphia. PA, USA, July 2002, 2002.

[59] Hochreiter S, Schmidhuber J. Long Short-Term Memory [J]. Neural Computation, 1997, 9 (8): 1735-1780.

[60] Chen X , Xipeng Qiu, Zhu C , et al. Long Short-Term Memory Neural Networks for Chinese Word Segmentation [C] // Proceedings of the 2015 Conference on Empirical Methods in Natural Language Processing. 2015.

[61] 徐汉彬．基于 LSTM 的情感识别在鹅漫电商评论分析中的实践与应用 [OL]. 2019: 01-17.

[62] 中国互联网络信息中心．CNNIC 发布第 47 次《中国互联网络发展状况统计报告》. 2021 (2).

[63] 付晓光, 吴雨桐．论 AI 新闻写作的逻辑特征——基于 Dreamwriter 报道与人工报道的对比分析 [J]. 现代出版, 2021 (1): 48-55.

[64] 曾庆香, 陆佳怡．新媒体语境下的新闻生产：主体网络与主体间性 [J]. 新闻记者, 2018 (4): 75-85.

[65] 陈玉敬, 吕学强, 周建设, 等．NBA 赛事新闻的自动写作研究 [J]. 北京大学学报（自然科学版）, 2017, 53 (2): 211-218.

[66] 王玮, 温世阳．情感分析在社会化媒体效果研究中的应用——基于分类序列规则的微博文本情绪分析 [J]. 国际新闻界, 2017, 39 (4): 63-75.

[67] 赵宇峰, 李新卫．基于歌曲标签聚类的协同过滤推荐算法的研究 [J]. 计算机应用与软件, 2018 (6).

[68] 刘钟山．基于 LSTM 的谣言检测 [J]. 现代计算机, 2021 (20): 60-64.

[69] 谭娟, 王胜春．基于深度学习的交通拥堵预测模型研究 [J]. 计算机应用研究, 2015, 32 (10): 2951-2954.

[70] Tan Juan, Wang Shengchun. Research on Traffic Congestion Prediction Model based on Deep Learning [J]. Journal of Computer Applications, 2015, 32 (10): 2951-2954.

[71] REDMON J, FARHADI A. YOLO9000: Better, Faster, Stronger [C] // IEEE Conference on Computer Vision & Pattern Recognition, 2017.

[72] REDMON J, FARHADI A. YOLOv3: An Incremental Improvement [J]. Computer Science, 2018, 4 (1): 1-6.

[73] Liu Y G, Wang X, Li L. A Novel Lane Change Decision-Making Model of Autonomous Vehicle Based on Support Vector Machine [J]. IEEE ACCESS,

2019, 7: 26543-26550.

[74] Jin H, Duan C G, Liu Y, Lu P P. Gauss Mixture Hidden Markov Model to Characterise and Model Discretionary Lane-Change Behaviours for Autonomous Vehicles [J]. IET Intelligent Transport System, 2020, 14 (5): 401-411.

[75] Wang X, Fan J, Liu N. A Novel Decision-making Algorithm of Autonomous Vehicle Based on Improved SVM [C] //2020 International Conference on Computer Science, Lmage Procesing and Data Mining (ICCSIPDM), 2020.

[76] C. Lea, M. D. Flynn, R. Vidal, A. Reiter, and G. D. Hager. Temporal convolutional networks for action segmentation and detection [J]. In proceedings of the IEEE Conference on Computer Vision and Pattern Recognition, 2017: 156-165.

[77] X. Zhang, L. Xie, Z. Wang, and J. Zhou. Boosted Trajectory Calibration for Traffic State Estimation. In 2019 IEEE International Conference on Data Mining (ICDM), pages 866-875. IEEE, 2019.

[78] J. Ke, H. Zheng, H. Yang, and X. M. Chen. Short-term Forecasting of Passenger Demand Under on-demand Ride Services: A Spatio-temporal Deep Learning Approach [J]. Transportation Research Part C: Emerging Technologies, 85: 591-608, 2017.

[79] Redmon, J., Divvala, S., Girshick, R., et al. You Only Look Once: Unified, Real-Time Object Detection [C]. Proceedings of Computer Vision and Pattern Recognition, Boston, MA, 779-788. 2016.

[80] CHU K F, LAM A YS, LIV O K. Travel Demand Prediction Using Deep Multiscale Convolutional LSTM Network [C] // 2018 21st International Conferenceon Intelligent Transportation Systems (ITSC). IEEE, 2018: 1402-1407.

[81] Schimbinschi F, Xuan V N, Bailey J, et al. Traffic Forecasting in Complex Urban Networks: Leveraging Big Data and Machine Learning [C] // IEEE International Conference on Big Data. IEEE, 2015.

[82] Chen X, Xie X, Teng D. Short-term Traffic Flow Prediction Based on ConvLSTM

Model [C] // 2020 IEEE 5th Information Technology and Mechatronics Engineering Conference (ITOEC) . IEEE, 2020.

[83] Dai G, Ma C, Xu X. Short-term Traffic Flow Prediction Method for Urban Road Sections Based on Space-time Analysis and GRU [J]. IEEE Access, 2019 (99): 1-1.

[84] Wang Y, Zhu S, Li C. Research on Multistep Time Series Prediction Based on LSTM [C] // 2019 3rd International Conference on Electronic Information Technology and Computer Engineering (EITCE) . 2019.

[85] Cui Z, Henrickson K, Ke R, et al. Traffic Graph Convolutional Recurrent Neural Network: A Deep Learning Framework for Network-scale Traffic Learning and Forecasting [J]. IEEE Transactions on Intelligent Transportation Systems, 2019, 21 (11): 4883-4894.

[86] Duan P, Mao G, Liang W, et al. A Unified Spatio-temporal Model for Short-term Traffic Flow Prediction [J]. IEEE Transactions on Intelligent Transportation Systems, 2018, 20 (9): 3212-3223.

[87] Gong Y, Li Z, Zhang J, et al. Potential Passenger Flow Prediction: A Novel Study for Urban Transportation Development [C]. Proceedings of the AAAI Conference on Artificial Intelligence, 2020, 34 (04): 4020-4027.

[88] Redmon J, Divvala S, Girshick R, et al. You Only Look Once: Unified, Real-time Object Detection [C] //Proceedings of the IEEE conference on computer vision and pattern recognition, 2016: 779-788.

[89] Liu Y G, Wang X, Li L. A Novel Lane Change Decision-Making Model of Autonomous Vehicle Based on Support Vector Machine [J]. IEEE ACCESS, 2019, 7: 26543-26550.

[90] Mandal P, Zareipour H, Rosehart W D. Forecasting Aggregated Wind Power Production of Multiple Wind Farms Using Hybrid Wave-let-Pso-NNs [J]. International Journal of Energy Research, 2015, 38 (13): 1654-1666.

[91] 周美兰，王吉昌，李艳萍．优化的 BP 神经网络预测在电动汽车 SOC 上的应用 [J]．黑龙江大学自然科学学报，2015，32 (1)：19-134.

[92] 冬雷，周晓，郝颖等．基于样本双重筛选的光伏发电功率预测 [J]．太阳能学报，2018，39（4）：1018-1025.

[93] 龙礼，温秀兰，林逸雪．基于 GA-BP 神经网络的目标识别方法 [J]．传感器与微系统，2019，38（10）：4-50.

[94] 王嵘冰，徐红艳，李波等．BP 神经网络隐含层节点数确定方法研究 [J]．计算机技术与发展，2018，28（4）：31-35.

[95] Zhou S，Chen Y，Zhang D. Classification of Surface Defects on Steel Sheetusing Convolutional Neural Networks [J]. Materiali in Tehnologije/Mate-rials and Technology，2017，51（1）：123-131.

[96] Yi L，Li G，Jiang M. An End-to-endsteel Strip Surface Defects Recognit-ion System Based on Convolutional Neural Networks [J]. Steel Research International，2016，88（2）.

[97] Szegedy C，Vanhoucke V，Loffe S. Rethinking the Inception Architecturefor Computer Vision [C]. Computer Vision and Pattern Recognition，2016：2818-2826.

[98] 肖书浩，吴蕾，何为，彭煜．深度学习在表面质量检测方面的应用 [J]．机械设计与制造，2020（01）：288-292.

[99] 吴昌钱，杨旺功，罗志伟．基于卷积神经网络的物联网车间生产流程优化 [J]．南京理工大学学报，2021，45（05）：589-595.

[100] Girshick R，Donahue J，Darrell T，et al. Rich Feature Hier-archi es for Accurate Object detection and Semanti Csegmentati on [C] // IEEE Conf erence on Computer Visi onand Pattern Recognition，2014：580-587.

[101] Girshick R. Fas R-CNN [C] /EEE International Conf erenceon Computer Vision，2015：1440-1448.

[102] Ren S，He K，Girshick R，et al. Faster R-CNN：Towards Real-time Object Datection with Region Proposal Networks [C] // International Conf erence on Neural lnf ormation Processing Systems，2015：91-99.

[103] Redmon J，Divvala s，Girshi ck R，et al. You Only Lookonce：Unified，Real-time Ofbject Detection [C] //Proceedingsof the IEEE Conf erence on

Computer Vision and Pattern Recognition, 2015: 779-788.

[104] Liu W, Anguelov D, Erhan D, et al . SSD : Single Shot Mul-tibox Det Ector [C] //European Conf erence on Computer Vision, 2016: 21-37.

[105] Redmon J, Farhadi A. YOLOv3: An Incremental Improvement [J]. IEEE Conference on Computer Vision and Pattern Recognition, 2018: 89-95.

[106] Ismail Samar M. , Said Lobna A. , Madian Ahmed H. , Radwan Ahmed G. Fractional-Order Edge Detection Masks for Diabetic Retinopathy Diagnosis as a Case Study [J]. Computers, 2021, 10 (3).

[107] Osman Mohamed Hosny, Mohamed Reham Hosny, Sarhan Hossam Mohamed, Park Eun Jung, Baik Seung Hyuk, Lee Kang Young, Kang Jeonghyun. Machine Learning Model for Predicting Postoperative Survival of Patients with Colorectal Cancer [J]. Cancer Research and Treatment, 2021.

[108] 王鑫，廖彬，李敏，孙瑞娜. 融合 LightGBM 与 SHAP 的糖尿病预测及其特征分析方法 [J/OL]. 小型微型计算机系统: 1-11 [2022-01-06].

[109] Liu Lu et al. Anatomy-aided Deep Learning for Medical image Segmentation: A Review [J]. Physics in Medicine and Biology, 2021, 66 (11).

[110] Marques S, Schiavo F, Ferreira C A, et al. A Multi-task CNN Approach for Lung Nodule Malignancy Classification and Characterization [J]. Expert Systems with Applications, 2021, 184 (2): 115469.

[111] Naumovich S S, Naumovich S A, Goncharenko V G. Three-dimensional Reconstruction of Teeth and Jaws Based on Segmentation of CT Images Using Watershed Transformation [J]. Dento Maxillo Facial Radiology, 2015, 44 (4).

[112] Optimal Multilevel Thresholding Selection for Brain MRI Image Segmentation based on Adaptive Wind Driven Optimization [J]. Kotte sowjanya, Pullakura Rajesh Kumar, Injeti S. Kumar. Measurement, 2018.

[113] Xu Ziqi, Ji Xiaoqiang, Wang Meijiao, Sun Xiaobing. Edge Detection Algorithm of Medical Image based on Canny Operator [J]. Journal of Physics: Conference Series, 2021, 1955 (1).

[114] Saha Tchinda Beaudelaire, Tchiotsop Daniel, Noubom Michel, Louis-Dorr Valerie, Wolf Didier. Retinal Blood Vessels Segmentation Using Classical Edge Detection Filters and the Neural Network [J]. Informatics in Medicine Unlocked, 2021, 23 (prepublish).

[115] Color-based Object Segmentation Method Using Artificial Neural Network [J]. Ahmad B. A. Hassanat, Mouhammd Alkasassbeh, Mouhammd Al-awadi, Esra'a A. A. Alhasanat. Simulation Modelling Practice and Theory. 2016.

[116] Al-Nima Raid Rafi Omar, Han Tingting, Al-Sumaidaee Saadoon Awad Mohammed, Chen Taolue, Woo Wai Lok. Robustness and performance of Deep Reinforcement Learning [J]. Applied Soft Computing Journal, 2021, 105.

[117] Zhang T, Mo H. Reinforcement Learning for Robot Research: A Comprehensive Review and Open Issues [J]. International Journal of Advanced Robotic Systems. May 2021.

[118] 刘全, 翟建伟, 章宗长, 等. 深度强化学习综述 [J]. 计算机学报, 2018, 41 (1): 1-27.

[119] Ali Issa, Hart Gregory R, Gunabushanam Gowthaman, Liang Ying, Muhammad Wazir, Nartowt Bradley, Kane Michael, Ma Xiaomei, Deng Jun. Lung Nodule Detection via Deep Reinforcement Learning [J]. Frontiers in Oncology, 2018, 8.

[120] Yang Yunhai, Song Liwei, Huang Jia, Cheng Xinghua, Luo Qingquan. A Uniportal Right Upper Lobectomy by Three-arm Robotic-assisted Thoracoscopic Surgery Using the da Vinci (Xi) Surgical System in the Treatment of Early-stage Lung Cancer [J]. Translational Lung Cancer Research, 2021, 10 (3).

[121] Furbetta, Niccolo et al. Gastrointestinal Stromal Tumours of Stomach: Robot-assisted Excision with the da Vinci Surgical System Regardless of Size and Location Site [J]. Journal of Minimal Access surgery, 2018, 15 (2).

[122] Yang Q, Liu Y, Chen T, Tong Y. Federated Machine Learning: Concept and Applications. arXiv. org. 2019 (12).

[123] Feki Ines, Ammar Sourour, Kessentini Yousri, Muhammad Khan. Federated learning for COVID-19 screening from Chest X-ray images [J]. Applied Soft Computing Journal, 2021, 106.

[124] Mou Yongli, Welten Sascha, Jaberansary Mehrshad, Ucer Yediel Yeliz, Kirsten Toralf, Decker Stefan, Beyan Oya. Distributed Skin Lesion Analysis Across Decentralised Data Sources. [J]. Studies in Health Technology and Informatics, 2021: 281.

[125] Liu Dianbo, Dligach Dmitriy, Miller Timothy. Two-stage Federated Phenotyping and Patient Representation Learning [J]. Proceedings of the conference. Association for Computational Linguistics. Meeting, 2019.